东亚酸沉降监测网湿沉降监测技术手册

《东亚酸沉降监测网湿沉降监测技术手册》专家编写组　编

王晓斐　唐桂刚　郑皓皓　解淑艳　等　译

中国环境出版集团·北京

图书在版编目（CIP）数据

东亚酸沉降监测网湿沉降监测技术手册/王晓斐等译；《东亚酸沉降监测网湿沉降监测技术手册》专家编写组编. —北京：中国环境出版集团，2021.9
ISBN 978-7-5111-4878-0

Ⅰ. ①东…　Ⅱ. ①王…②东…　Ⅲ. ①大气监测—东亚—2010—手册　Ⅳ. ①X831-62

中国版本图书馆 CIP 数据核字（2021）第 195990 号

出 版 人　武德凯
责任编辑　曲　婷
责任校对　任　丽
封面设计　岳　帅

出版发行　中国环境出版集团
（100062　北京市东城区广渠门内大街 16 号）
网　　址：http：//www.cesp.com.cn
电子邮箱：bjgl@cesp.com.cn
联系电话：010-67112765（编辑管理部）
发行热线：010-67125803，010-67113405（传真）
印　　刷　北京中献拓方科技发展有限公司
经　　销　各地新华书店
版　　次　2021 年 9 月第 1 版
印　　次　2021 年 9 月第 1 次印刷
开　　本　787×960　1/16
印　　张　8
字　　数　120 千字
定　　价　30.00 元

编 委 会

主　　编：

王晓斐　唐桂刚　郑皓皓　解淑艳

编写人员：

第 1 章：解淑艳　张　渊

第 2 章：李婧妍　唐桂刚

第 3 章：张亚爽　王　帅

第 4 章：朱　建　郑皓皓

第 5 章：王晓斐　刘勇军

第 6 章：陈婵娟　王晓斐

第 7 章：孟小星　侯书杰

第 8 章：孙　康　解淑艳

第 9 章：柴文轩　焦聪颖

译者的话

2000 年 3 月，《东亚湿沉降监测技术手册》第一版（英文版）在东亚酸沉降监测网络第二次临时科学顾问小组会议上审议通过。本书正式文本为英文，是在“湿沉降监测技术指南”编写专家组讨论的基础上对第一版的修正，并于 2010 年由第十届东亚酸沉降监测网络科学顾问委员会审议通过。《东亚湿沉降监测技术手册》修订后的英文版由日本东京农工大学 Hiroshi Hara 教授、日本北海道大学环境科学研究所 Izumi Noguchi 先生、日本新潟县政府公民与环境事务部 Tsuyoshi Ohizumi 博士、蒙古国国家安全委员会 Bulgan Tumendemberel 女士、韩国国立环境研究所 Joon Young Ahn 博士、泰国环境研究与培训中心 Hathairatana Garivait 博士、加拿大气象局 Dave MacTavish 博士、马来西亚 Leong Chow Peng 女士、日本亚洲空气污染研究中心 Shinji Nakayama 先生等共同编写。

东亚酸沉降监测网中国分中心由中国环境监测总站负责，于 2001 年正式运行。为更好地完成网络任务和工作、更新湿沉降监测技术，中国分中心编译了本书。本书的翻译和出版得到了东亚酸沉降监测网网络中心的支持，在此表示诚挚的感谢。东亚酸沉降监测至今已开展 20 多年，在湿沉降监测技术上已形成一套完整、有效、严谨的技术体系，对我国酸沉降监测技术具有很好的参考价值。编译过程中可能存在不足之处，恳请广大读者和从事相关研究的专家学者批评指正。

目　录

1 概 论

1.1 背景介绍

湿沉降是生态系统沉降的主要组成部分，可以为大气和地球表面的微量物质交换提供有效信息。东亚酸沉降监测网络（Acid Deposition Monitoring Network in East Asia，EANET）致力于在东亚地区各国和组织之间建立对大气酸沉降状况的共识，通过为成员国提供有关湿沉降监测的高质量数据和其他信息，以及空气监测的科学支持，有助于管理部门做出科学决策，以防止酸沉降产生的不利影响。

1995 年 3 月 23 日，湿沉降监测技术手册修订专家组会议通过了《东亚酸沉降监测指南》，为了扩大其应用，专家会议于 1997 年 2 月 4 日通过了《东亚湿沉降监测技术手册》，该手册选取了当时最被认可的湿沉降监测技术，包括点位选择、样品采集、样品运输、样品分析、质量保证/质量控制（QA/QC）和数据报告等。

1998 年 3 月 20 日，EANET 第一次政府间会议在日本横滨举行，与会十国（中国、印度尼西亚、日本、马来西亚、蒙古国、菲律宾、韩国、俄罗斯、泰国和越南）正式同意成立 EANET，并于 1998 年 4 月起开展各项工作。所有成员国都同意修改网络文书，并将其作为遵守 EANET 指南和技术手册的第一步。这些指南和技术手册都被收录在《筹备阶段活动实施方案》（EANET/IG/1/6 re.，1998 年 3 月 20 日）中。随后，第二次临时科学顾问小组会议审查并通过了《东亚酸沉降监测指南》和《东亚湿沉降监测技术手册》。

各成员国同意技术手册应根据科学技术的进展及时并适当地进行审查和更新。各成员国应当合理利用并依据准则和技术手册，努力改进其湿沉降监测体系。

1.2 湿沉降监测目标

湿沉降监测数据既可为污染物长距离输送的评估和沉降模型的检验提供观测依据，也可用于陆地生态系统和城市基础设施的环境影响评估。综合测量系统旨在与其他酸沉降监测网络共享，以便进行区域和全球合作，并为管理者提供制订控制酸沉降前体污染物排放战略所需的科学依据。

1.3 湿沉降监测技术手册概述

本技术手册涵盖点位设置、样品采集、样品运输、样品分析、数据报告、质量保证和质量控制等。对于大多数监测方法，简单可靠的采样技术、采样设备、有效而完整的技术手册以及模拟控制样品的化学分析，都是必要的质量保证手段。EANET 吸收和采纳了欧洲监测和评价项目（EMEP）、美国大气沉降计划（NADP）、加拿大空气和降水监测网（CAPMoN）和世界气象组织（WMO）行之有效的技术和方法。

本手册中物质的量的计量单位均为摩尔，原因如下：

1）考虑到环境中的化学转化时，摩尔单位方便计算；

2）浓度精确且容易被转换为等效浓度，而质量浓度在转换为等效浓度时可能会损失一些有效数值；

3）由于环境样品中金属的价态有时较为模糊，所以一些参数（如碱性阳离子/铝的比值）常用摩尔分数表示；

4）摩尔是国际单位制（SI）的基本单位之一。

2 监测点位设置

2.1 监测点位

监测点位的设置对湿沉降监测数据质量和数据类型有决定性影响。监测点位的设置应具有代表性并符合预期的监测目的，同时还要考虑湿沉降采样和干沉降监测之间的协调以及气象数据的获取等因素。

EANET 的监测点位分为两大类：沉降监测点和生态调查点，这两类点位均包含更细致划分的类别。沉降监测点旨在监测酸沉降的时间分布和空间分布，生态调查点的数据可用于评估酸沉降对陆地生态系统的潜在影响。通常，EANET 的监测点位可划分为以下五类［含 1）和 2）］：

1）沉降监测点

①远郊监测点；

②郊区监测点；

③城区监测点。

2）生态调查点

①背景对照点；

②生态系统分析点。

所有监测点位的设置在自然源和人为源及地理特征方面均须具有代表性，同时还应考虑气象条件，如年降水量和主导风向的影响。为最大限度地减少当地气象因素的影响，监测点不应设置在山顶、山口、山谷或盆地。一般来说，除非监测目的是火山对降水化学的影响，否则监测点应远离火山等自然源。

每个国家应至少建立一个远郊监测点或郊区监测点：

（1）远郊监测点

远郊监测点应具有代表性，并符合以下标准：

1）在未来几十年内，在距监测点合理距离内的土地使用方式不会发生重大变化；

2）不受主要人为活动、工业中心、主要公路和机场的影响，条件允许的话最好是位于岛屿、山脉和主要森林保护区；

3）受火山爆发、森林火灾、沙尘暴等重大自然现象影响较少；

4）不受碎石路、耕地、牧场、草场等产生的污染物的影响；

5）不受局地污染源的影响，只受到远距离（至少 30～50 km 以外）输送污染物的影响。

（2）郊区监测点

郊区监测点应具有代表性，并符合以下标准：

1）远离人口和工业中心，以减少污染源对监测的影响；

2）不受碎石路、耕地、牧场、草场等产生的污染物的影响。

2.1.1　监测点与污染源之间的最小距离

1）远郊监测点和生态调查点周围 50 km 范围内不应有大型污染源，如城市、火力发电厂和高速公路；

2）郊区监测点距主要污染源至少 20 km；

3）远郊监测点和郊区监测点距主要道路（每日车流量大于 500 辆）至少 500 m。

2.1.2　点位设置准则

在郊区监测点、远郊监测点和生态调查点放置采样器应按如下要求：

1）采样器应位于开阔、平坦的草地，远离树木、山丘和其他障碍物，以避免对采样产生不利影响；

2）采样器周围几米内不得有障碍物，避免采样器被遮挡；

3）采样器与大型障碍物之间的水平距离应至少为障碍物高度的 2 倍，即从采样点仰望障碍物顶端，其仰角小于 30°；

4）采样器距离垃圾处理场、焚烧炉、停车场、农产品露天存放场、家庭供暖系统等局地污染源至少 100 m；

5）采样器和雨量计（及干沉降收集器）应位于同一区域，相距应超过 2 m。雨量计和湿沉降采样器之间的连线应垂直于主导风向（特别是在降水多发的雨季）。

2.1.3 点位变更

点位周边的环境和局地污染源特征会随着时间的推移而发生变化，从而影响收集到的降水的化学性质。因此，应定期检查每个点位周边环境的变化情况，如果发现有与设点标准偏离严重的情况，则需要进行评估，以确定是否对监测点位做出调整，以提高样品的代表性，或进行点位变更。如有必要，可将采样器调整到符合点位设置标准的另一个监测点，以便继续收集具有区域代表性的样品。

如果需要搬迁监测点，建议使用同样的采样仪器和方法，并在原位置和新位置之间进行至少一年的双采样；必要时，应收集足够的数据，来确定两个点位之间是否存在偏差，并分析这些偏差是否会对该区域的数据趋势产生明显影响，因此需要详细分析两组数据并记录偏差。

2.2 监测频次和监测项目

2.2.1 监测频次

建议连续采样 24 小时，或仅在降水时收集样品。在操作上，第二种方法采样效率较低，因为采样人员很难预料降水的开始和结束时间，也不能保证 24 小时随时有人在岗。如果使用采样桶进行人工采样，则无论是否发生降水，都必须每天更换或清洁采样桶。每天采样开始时间应为当地 9:00。

如果无法每天分析样品，则样品必须进行冷藏储存或添加杀菌剂，以保持样品性质稳定，这样才可以将一周（7 天）的日常样品一起进行分析。

2.2.2 监测项目

（1）降水监测项目

降水样品所需分析的项目是 pH、电导率（EC）、主要离子（SO_4^{2-}、NO_3^-、Cl^-、NH_4^+、Na^+、K^+、Ca^{2+}及 Mg^{2+}）浓度。

根据降水的化学成分，离子平衡和电导率平衡可能会出现无法满足监测网络数据质量要求的情况（基于主要离子）。如果分析结果没有完全符合离子平衡和电导率平衡的标准，则应考虑增加其他离子的化学分析，包括碳酸氢盐（HCO_3^-）、亚硝酸盐（NO_2^-）、氟化物（F^-）、溴化物（Br^-）、磷酸盐（PO_4^{3-}）和有机离子［$HCOO^-$、CH_3COO^-和$(COO)_2^{2-}$］。

重金属、铝、汞和有机化合物的分析将有助于判断降水特征。

（2）气象参数

建议监测的气象参数应包括风向/风速、温度、湿度、降水量及太阳辐射等，也可从最近的标准气象站（符合国家气象局要求）获取，这些数据有助于解释异常降水现象。

3 样品采样

3.1 监测点及采样设备

3.1.1 监测点设置

降水样品的离子浓度通常较低，很容易受到污染，因此样品的前处理至关重要。在对样品进行分析和确定最终数据之前，必须尽一切努力保持其化学稳定性。

降水采样器附近应设有专属站房，协助采样和相关测量，二者应至少相距 50 m，并考虑通过安装栅栏等安全措施保护设备免受破坏。

稳定的电力来源对于采样器连续运行十分重要，可以确保降水的采样和分析检测工作正常运行。

专属站房内应配备：

1）电源；

2）冰箱；

3）水槽；

4）供水；

5）纯水（电导率＜0.15 mS/m）（注意：如果监测点没有纯水，当地也无法购买纯水，则应由分析实验室提供）；

6）两种电子天平（一种量程 15 kg，分度值 1 g；另一种量程 100 g，分度值

0.1 mg）；

7）数据采集和传输设备；

8）个人电脑；

9）电话；

10）桌椅。

现场测量仪器应配备：

1）自动降水采样器；

2）标准雨量计或雪量计（注意：所有监测点都需要雨量计和自动降水采样器，它们具有不同的功能。雨量计测量降水量；自动降水采样器收集样品以进行化学分析，这两种设备不能互相替代）；

3）气象仪器（测量温度、风向、风速、湿度和太阳辐射）；

4）气象仪器应与数据采集仪或计算机连接。

3.1.2 样品收集系统

一般要求配备采集湿沉降样品的自动采样器，也可以使用能同时采集湿沉降和干沉降样品的自动采样器。

EANET 并不要求所有成员国使用相同的采样器，因此这里不考虑与采样器技术操作相关的细节。每个采样器的操作应按照其操作手册进行。一些国家已经使用了多种降水采样器，但是不满足以下四项要求的旧采样器应该被满足要求的自动采样器所取代。

（1）采样漏斗

为确保一个国家或地区的采样器一致，需要使用标准尺寸的采样口。收集漏斗应由惰性材料制成，保证在采集过程中主要离子不会从样品中渗入或渗出。目前，已知聚乙烯、聚四氟乙烯和聚四氟乙烯涂料较为适合，其中聚乙烯性价比最高。应使用聚四氟乙烯或硅胶材质的管路连接采样漏斗和样品收集桶。为保证材料的惰性，所有的采集设备，尤其是软管应每年更换一次。

（2）采样盖

湿沉降样品应避免受到干沉降的污染，在没有进行湿沉降采样时，采样盖应保持关闭状态。需采用由传感器控制、电动机驱动的采样盖。采样盖最重要的功能是在无湿沉降发生时保持采样器皿的密闭，防止其受到大气灰尘和气溶胶的污染，并最大限度地减少样品蒸发。在采样盖底部安装带有聚四氟乙烯薄膜的弹性密封垫可实现良好密封。为方便采样漏斗的维修和清洁，采样盖应可以手动开启。在积雪地区使用的采样器，其采样盖应有不锈钢或聚四氟乙烯涂层的尖顶，以防止降雪堆积，并减少开盖时掉入采样器的雪量。

（3）降水传感器

降水传感器应确保采样器或采样漏斗的盖子在降水开始的 1 分钟内自动打开，并在降水停止后立即关闭。其原理为当传感器的栅格和挡板接触到水滴短路时，电机启动，盖子打开。传感器的设计应不受风向影响，至少能感应到 0.05 mm/h 的降雨强度和 0.5 mm 的雨滴直径。传感器应具有能防止被雾、露水和融雪（传感器可将其与降雨区分开）激活的功能。在湿沉降结束后，采样器应能立刻蒸干剩余降水，并关闭盖子。传感器的高度应与铲斗或漏斗的高度相同。如有需要，可在传感器周围放置一些针状物，防止其受到鸟粪影响。

（4）样品容器

采样桶或带有瓶子的采样漏斗应呈惰性，以便收集和确定酸沉降中主要离子的痕量浓度。样品容器高度应高出地面 1.0～1.5 m，容积可参考过去 10 年监测点的日最大降水量来确定。降水化学收集器的漏斗和/或铲斗的地面高度的信息、传感器和标准雨量计都应与所有数据一起报告。

3.2 降雪采样

降雪特点因地而异，在同一地点、不同时间降雪特点也会有显著差异；同时采用电子短路生产的降雪采样器比降雨采样器的效率更低，稳定性更差。因此，具有代表性的降雪采样难度很大。

强风也会影响一些采样器的采样效率：

1）强风天气，采集到的雪可能会被大风吹走；

2）吹拂表面积雪可能会激活传感器，导致采样器采集到的样品不具代表性；

3）在风力作用下，雪从开着的采样器上飞过，会导致收集到的样品量偏少；

4）有时，湿雪在容器中收集效率比平面更有效。通常，利用采样器采样时，无风天气采集湿雪比强风天气采集的收集效率更高。

目前，还没有被普遍接受的方案或标准采样器可以解决降雪采样的难题。EANET 通常使用以下一项或多项措施，调整现有采样器以改善采样状况：

1）加热顶盖、采样器表面、仪表箱和采样器内部，可以防止采样器积雪，同时保证运动部件能保持足够的温度，在极端寒冷的情况下继续正常工作；

2）传感器加热到足够高的温度，以融化冰雪，确保传感器有效工作，不会有积雪和故障的危险；

3）将漏斗加热至 4～5℃，以确保对所有积雪进行取样，还应注意漏斗不宜过热，否则会导致过度蒸发和样品损失；

4）在采样器上方安装挡风装置（如尼弗防风罩），以减少风的影响，从而提高采样效率；

5）在极冷地区，为了避免由加热漏斗引起的样品过度蒸发，使用直径为 20～50 cm 的开口聚乙烯圆柱形容器作为集雪器容器，高度应至少为其直径的两倍，以防止雪被吹出，同时应配备具有防风和加热功能的降水传感器或红外/光学降雪传感器。该集雪器应配备挡风和加热式雨量传感器或红外/光学雨雪传感器。

在对现有采样器进行更换之前，每个监测点都应仔细分析其所在地区的降雪特征。

3.3 降水量测量

每个监测点必须配有一台由国家气象局或同级机构批准使用的标准雨量计。与降水采样器相比，标准雨量计可以更有效、更准确地测量降水量：

1）标准雨量计（或等效设备）应与降水采样器同时工作；

2）雨量计应距地面 1.0～1.5 m，具体高度应与降水采样器和降水传感器高度相同。

影响降水量测量的主要环境因素包括：

1）风速；

2）监测点的垂直风廓线；

3）降水下降速度；

4）风向和雪花轨迹在雨量计附近的变形。

风速是四个因素中最关键的因素，是导致仪表捕获样品不足的最重要的因素，也是雨量计数据捕获效率的重要影响因素，尤其体现在对降雪数据的采集上。在计量器周围安装防风罩可降低孔口处的风速，从而提高收集效率。目前，市面上常见的挡风罩包括：雨量筒防风圈、尼弗防风罩、特列季亚科夫防风罩、怀俄明防风罩和苏联双重防风罩。在多雪地区使用防风罩可以提高雨量计、降水采样器和降水传感器的工作效率。但要注意防止挡风罩可能造成的样品污染。

测定降水量的主要工具应始终为雨量计。若没有专用测量仪器，可根据收集到的降水样品的质量计算降水量。已知收集装置（漏斗或容器）的直径和雨水密度（20℃时约 1.0 g/mL），便可确定样品的质量（g）、体积（mL）和降水深度。因此，每个监测站都应有称重天平，量程为 15 kg，分度值为 1 g。建议每个站点定期对所有降水样本进行称重，记录样本质量，以确保数据质量。为防止样品受到污染，不建议使用刻度漏斗来确定体积。

3.4 样品保存

1）降水样品极易降解。在样品现场采集、运输过程以及实验室储存和分析过程中，降水样品都可能发生降解。目前的样品保存技术通常不能完全防止降解，最佳做法是最大限度地减少样品处理、运输和保存的时间。

2）推荐冷藏保存样品。理想情况下，在收集过程中、在现场等待装运期间、装运期间和在实验室储存直至分析之前，样品应全程保持冷藏。

3）如果样本不能冷藏，可以使用杀菌剂。杀菌剂可以有效地抑制微生物生长和有机酸转化，如在某些地区，雨水中含有甲酸和乙酸，建议使用百里酚（5-甲基-2-异丙基苯酚）。在正常环境温度下，百里酚是固体，在每次收集样品前，每1 000 mL 的采样瓶中应加入 400 mg 的百里酚，使用百里酚测量铵离子时，应使用离子色谱法而不是分光光度法（靛酚蓝）。

4 点位运维

4.1 现场采样及维护记录表

每个站点都应具有满足国家网络要求的点位现场运维及采样工作计划表。工作计划表应至少包含采样日期和次数，并明确所有常规运维的具体日期。每个监测网络都应具有标准操作程序（SOP），并且应为每个站点的操作员提供最新的SOP打印副本（参见附录1）。

4.2 点位运维检查清单

点位的维护应检查如下耗材和工具：

1）每个监测点的钥匙；

2）用于替换的采样瓶；

3）记录装置（如降水量的存储卡）；

4）供应品，如纯水，如果站内没有，分析实验室应在前往现场前向现场操作人员提供；

5）记录表，包括采样历史记录；

6）照相机或录像机；

7）移动电话（为防万一，现场操作员可与实验室通信、发送邮件或照片以解决问题）；

8）清洁工具，包括清洁棉球、刷子和清洁用品；

9）连续运行监测设备的维护工具。

检查表应每年更新一次。

4.3 点位运行情况检查

应定期对采样点所有区域的情况进行检查，并形成检查表。在台风、闪电和暴雨等严重气象事件发生后，或怀疑有人为破坏时，应立即检查点位。本检查表的完成和提交时间表应包括在第 4.1 节所述的采样工作计划表中。检查表清单应包括但不限于由以下原因引起的变化：

1）动物（田鼠、鸟）；

2）昆虫（蚂蚁、蜜蜂和蜘蛛）；

3）植被（植物的叶子和种子）；

4）其他物体（土壤、粉尘、海盐、垃圾）；

5）影响采样器的障碍物（注意：现场操作人员应确保采样器的盖子远离障碍物，且盖子可以正常开关，包括寒冷和大雪造成的障碍物）；

6）电力故障，以及可能影响仪器性能的电力过载，应及时记录电力故障日期和次数，以便评估仪器性能和解释数据；

7）温度和湿度控制（注意：站房主建筑和制冷装置的温度应保持在预先设定的范围内，这些温度限制应在检查表上明确说明）。

4.4 现场采样

1）处理样品时应始终佩戴干净的塑料或塑胶手套。如果手套不合适或者没有手套可用，应确保双手干净，不要引入任何污染物；

2）每次收集样品时都应检查降水采样器的情况，以确认降水传感器、采样容器盖、样品流动管路和制冷装置（如有）都配置正确并且工作正常；

3）样品采集完成后，在更换样品容器前，应对采样仪器各部件进行清洗：

①采样器上使用的接样漏斗应使用纯水冲洗，并使用干净的一次性材料（如金特 Kimwipe）定期擦拭；

②样品流动管路的内壁应用纯水冲洗，不要忽略漏斗和容器连接处，如果采样点没有纯水，则由负责的实验室提供；

③如果需要快速干燥诸如收集漏斗的组件，可以使用甲醇或乙醇清洁。

4）在将样品运送到实验室之前，应在现场测定（称重）样品体积，以检查样品在运输过程中是否被污染和溢出：

①避免使用刻度量筒，因为这会增大被污染的可能性；

②如果使用刻度量筒，则必须将样品分成两部分，测量并丢弃第一部分，当作对量筒的清洗；

③应在采样历史记录表上注明包括丢弃部分在内的各部分的重量。

5）采样前后，应读取雨量计并立即记录数据，无论在采样容器中是否观察到降水样品，都应读取雨量计。

6）应仔细检查所有样品的污染情况并记录观察结果。操作人员应戴上干净的手套，应使用干净的镊子清除可见的污染物，如树叶和昆虫。

7）样品温度应保持在 4℃，以阻止有机化合物、铵离子和硝酸根离子的降解。样品在贮存期间和运输期间均应保持在 4℃，也可采用杀菌剂。

8）超过 200 mL 的样品分成两份 100 mL 的等分试样，丢弃剩余的样品。

9）每周或每隔 1 周将 24 小时综合样品（每日）运送到实验室。7 天综合样品（每周）应每月至少运送一次。

4.5 检查和维护常规仪器和记录设备

每个监测网络和监测管理机构都应制订书面的现场标准操作规程，详细说明降水采样器和标准雨量计的日常维护程序。该规程应侧重于与以下相关的操作要求（包括第 4.4 节的要求）：

1）评估降水传感器的性能；

2）采样漏斗或容器盖机械组件的正常运行；

3）采样漏斗和采样组件的清洁；

4）标准雨（雪）量计；

5）更换降水量记录存储卡。

每次检查站点时，都应该更换降水量记录存储卡，并在现场检查记录的数据，以确保数据记录完整，防止持续的数据丢失。将数据转移或者带到实验室后，还应该立即进行检查，以确保出现问题时可以立即解决。

雨（雪）量计应每半年检查一次：

1）应拆卸量计，并目视检查内部漏斗和挡风板；

2）应检查防冻系统并注入新鲜的防冻液；

3）在沙尘暴等气象发生后，应立即检查（在沙尘季节，应增加检查频率；沙尘季结束后应检查和检修仪器，以确保它们符合标准）；

4）监测站每台仪器都应有一本操作手册，包含故障排除程序。

4.6 现场空白

每个监测站都需有现场空白样品，以发现样品潜在的污染问题。这些问题通常是由仪器问题和操作员失误引起的。每组现场空白样品应包含一个全程序空白样品和一个容器空白样品：

1）将 100 mL 纯水倒入接样漏斗中，并让其流经采样管路来模拟实际采样过程，得到全程序空白样品；

2）全程序空白样品的处理方式应与普通降水样品的处理方式相同：

①如果电导率在现场测量，取样后应立即测量；

②如果站点内没有电导仪，在确认将进行现场空白采样计划时，应带电导仪去现场；

③如果采样管路系统被污染，应清洁系统并重复电导率检查；

④如果在清洁后污染状况没有改善，则应更换采样管路系统；

3）将 100 mL 纯水倒入样品瓶，即为容器空白样品；

4）标记全程序空白样品和容器空白样品，将它们和普通降水样品送入实验室；

5）评估空白样品的结果，确认采样管路系统是否被污染；

6）空白样品的数据应与表 8-1～表 8-3 中描述的样本数据的报告方式相同，命名为 FB-1，2，…，*n*。

4.7 现场采样记录

每个样品的现场采样记录对于确保数据质量至关重要。每个站点都应按固定的方式报告点位和样品情况，采样人员应定期记录上报信息。实验室应确保每个点位和监测网络采用一致的上报格式，且上报信息应记录在标准 EANET 采样记录表上。

在制订采样记录表的格式时，应考虑与湿沉降监测点相关的任何气象及干沉降监测信息，表格应简单清晰，以减少采样人员犯错的可能。采样记录表应包括但不限于：

1）站点名称或唯一标识；

2）样品编号；

3）每个采样周期的开始和结束日期；

4）每个采样周期开始和结束的具体时间（一般为降水的开始和结束时间）；

5）样品体积或质量，包括收集容器质量；

6）标准雨（雪）量计读数；

7）样品类型（如雪、雨、冻雨、混合、冰雹、浓雾、薄雾）；

8）监测现场的污染物（如可见的空气传播的颗粒，鸟粪、昆虫、土壤粉尘、树叶）；

9）仪器状况：

①是否正常运行；

②是否清洁；

③异常状况；

④问题；

⑤结论。

10）建筑物状况：

①异常状况；

②问题；

③结论。

11）现场情况：

①有无农业、建筑施工或工业活动；

②有无行驶车辆；

③施工活动包括清除积雪。

12）采样期间的天气状况（如台风、雷电、暴雨）；

13）现场物资状况（如运输容器、纯水、冷冻箱）；

14）下次计划的实地采样时间；

15）现场采样人员姓名；

16）现场采样人员的记录（如异常情况、问题、结论）；

17）点位维护采取的操作项目（如维修、更新）。

样品记录表应随样品一起送到分析实验室，并应在采样现场保留一份副本作为备份或参考。

4.8 样品运输

所有样品都应在采样结束后送至实验室，在运输期间应注意以下事项：

1）避免样品在采样现场二次转移，防止污染或洒出；

2）转移和储存样品的瓶子必须具有化学惰性，且足够结实不会破碎或漏水，应由各国的中心实验室提供干净的采样瓶；

3）瓶盖密封，防止泄漏；

4）可考虑在运输过程中将样品瓶封装在袋中；

5）切记运输过程中样品不得暴露在高温下。

满足上述要求最常用的方法是：

1）缩短运输时间（如次日达）；

2）在运输过程中对样品进行冷却（如使用带有冷冻包的隔热运输容器）。

即使数据以电子的方式提交，记录图表及采样记录表也应和样品一并交到实验室。

5 实验室储存

5.1 简介

本章从监测点和分析实验室的角度介绍了准备采样容器的注意事项。分析实验室应与监测点充分沟通，以确定最高效的方法。

为保证样品质量，采样容器的清洗和处理至关重要。建议在受控条件下维护和清洗容器。有些监测点可能没有相应的设施和纯水，无法保证样品的洁净。同时，现场如何清洁容器、如何将容器运输至分析实验室都是在监测点操作时要面临的问题。

5.2 清洗和准备采样容器

必须在每个采样周期开始前清洁采样容器（桶和瓶）。最有效的方法是清洁监测点内的每个容器。现场准备可以解决诸如延误、污染、损坏和运输成本等问题。

当无法在监测现场用足量的纯水冲洗容器并在干净的条件下干燥时，该工作应转移到实验室进行。可根据当地的运输时间等情况决定将容器送至实验室清洗的频率。

在实验室中彻底清洁采样容器时，需要将容器在实验室洗涤剂中浸泡 48 h，然后用自来水冲洗，再用双蒸水或纯水冲洗。最后一次冲洗过后，需要检查清洗容器后的用水电导率（<0.15 mS/m），以确保容器符合 EANET 的要求。

5.3 将采样容器运送至采样点

每个采样容器在运输至采样点前都应接受泄漏检查，收集容器必须加盖或封装在塑料袋中，以便运输至降水采样点。

6 化学分析

6.1 简介

降水样品的化学分析是确定区域内湿沉降在总的大气酸沉降中所占比例的关键步骤。降水化学成分的浓度通常很低，对于实验室分析仪器的检出限来说可能是一个挑战。每个实验室都必须有详细的标准操作程序和严格的质量控制/质量保证计划（详见附录 1）。标准操作程序应涵盖玻璃器皿清洁、制定标准曲线及仪器分析技术的所有细节。

EANET 要求各实验室必须测量样品的电导率、pH 以及主要离子（SO_4^{2-}、NO_3^-、Cl^-、NH_4^+、Na^+、K^+、Mg^{2+}和 Ca^{2+}）的浓度。这些离子的浓度通常接近常用仪器的检出限，因此在选择分析方法和相关仪器时要考虑检出限。所有 EANET 的实验室都应本着获取高质量数据的目的选择分析方法和仪器，选择时应注意以下几点：

1）如果分析样品过程中使用有证标准物质（Standard Reference Materials，SRMs），数据的可信度会更高。大部分已知样品浓度的有证标准物质可在市场上获得（如美国国家标准与技术研究院，SRM 2694，模拟降雨）或由 EANET 亚洲大气污染研究中心提供。

2）每 10 个或 20 个样品，就需要分析一个已知浓度的标准样品。

3）离子平衡检验（*R*1）是一种有效的工具。检查每个样品的离子平衡将改善整体数据质量。如果不能满足实验室离子平衡的要求，则应重新分析相关样品。当网络中各个监测点阳离子总数和阴离子总数明显不平衡时，应考虑在样品分析中增加分析其他的离子以实现离子平衡。备选离子包括碳酸氢根离子（HCO_3^-）、氟离子（F^-）、溴离子（Br^-）、亚硝酸根离子（NO_2^-）、磷酸根离子（PO_4^{3-}）和有机离子如甲酸根离子（$HCOO^-$）、乙酸根离子（CH_3COO^-）、草酸根离子［$(COO)_2^{2-}$］。具体来说，对于 pH 高的样品，离子不平衡可能是由未测量的 HCO_3^- 引起，因为它在阴离子总量中占比很大。在某些地区，铝、汞和其他重金属离子也可能是降水的重要化学组成部分。如果是这种情况，应该定期对这些离子进行分析。

4）电导率平衡（*R*2）也应和离子平衡（*R*1）做同样的考虑。

表 6-1 总结了可能的分析方法。

表 6-1　降水中离子的分析技术

分析物	分析技术
电导率	电导池法
pH	玻璃电极法
氯化物、硝酸盐、硫酸盐	离子色谱法、分光光度法
铵离子	离子色谱法、分光光度法（靛酚蓝）*
钠离子、钾离子、钙离子、镁离子	离子色谱法、原子吸收/发射光谱法
碳酸氢根离子	离子色谱法、碱度法、高效液相色谱法
亚硝酸盐、氟离子、磷酸盐	离子色谱法、分光光度法
有机酸	离子色谱法
重金属、铝	石墨炉原子吸收光谱法、电感耦合等离子体光谱法、电感耦合等离子体质谱法
汞	石墨炉原子吸收光谱法、电感耦合等离子体光谱法、电感耦合等离子体质谱法、金汞捕集冷原子吸收法

* 如果样本收集过程中用百里酚作杀菌剂，必须用离子色谱法，不能用分光光度法。

6.2 化学试剂和实验用水的质量

化学试剂和实验用水的质量对化学分析非常重要。实验用水和试剂中的污染物会影响储备溶液的使用，应使用高纯度化学试剂和超纯水来防止可能的污染。所有试剂和材料在用于分析样品之前都要进行测试和仪器检查。

6.2.1 化学试剂纯度

1）所用的所有化学试剂均应达到最低的试剂等级，且必须达到公认的分析等级并符合分析试剂的国际标准规范，例如美国化学学会（ACS）的标准。例如，制备离子色谱法所需洗脱剂的化学试剂：

阳离子：质量分数为 96%的硫酸，其浓度为 18.0 mol/L，默克（Merkel）公司超纯级。

阴离子：氢氧化钾淋洗液，Archemica 国际有限公司。

市售的标准储备溶液应可从国际标准部门［如美国国家标准技术研究院（NIST）］溯源到有证标准物质（SRM）。

2）用于阳离子和阴离子分析的标准储备溶液应该是高纯度、可溯源的。制造商应提供化学纯度等级和可溯源的证书。

6.2.2 实验用水的纯度

可靠、稳定的实验室用水来源对实验室的化学分析工作至关重要。实验室中使用的最低等级的水（本手册中称为“纯水”）电导率需小于 0.15 mS/m。许多分析工作需用到超纯水，例如离子色谱法特别容易受到污水的影响，很容易对工作曲线制备中和所有系统空白检查中使用的洗脱剂和标准曲线产生负面影响。纯水的电阻率应大于等于 18.2 MΩ/cm（电导率为 0.055 μS/cm）。制备后的实验室用水应符合或超过美国材料实验协会（ASTM）D1193 类别Ⅱ中的标准。

应定期通过实验室使用的各种分析方法检查纯水或超纯水，并定期记录和上报污染物。如果目标化合物增加或剧增，应立刻查找原因，如果可能的话同时更换净水制备配件。

建议所有水龙头都使用 0.2 μm 的过滤器，以防止细菌和/或离子交换树脂进入试剂、标准溶液或实验室内部质量控制标准溶液。

本手册中的“纯水”定义为电导率小于 0.15 mS/m 的净化水。水的净化程度根据蒸馏和去离子的具体技术不同可分为三级：①先去离子再蒸馏；②先蒸馏再去离子；③先去离子后蒸馏再去离子。须注意，用离子交换法制取的纯水不可用于水溶性有机物的分析。

6.2.3 实验室样品处理

通常湿沉降样品中目标化合物的浓度较低，接近分析设备的检出限。在样品运输至实验室后，操作必须格外小心，保证样品的完整性。实验室内所有设施都要防止外部污染。

1）实验室的窗户不得打开，应保持密闭状态，以减少可能污染样品的外部气体和颗粒进入室内；

2）在分析之前，样品不得暴露在空气中；

3）实验室温度应为恒温，变化范围在±3℃，以减少离子色谱法的基线漂移和检测器的反应；

4）应尽快完成化学分析，每个实验室都应设定分析的截止日期，分析时间通常 7～10 天。

5）除了取出部分试样用于分析外，其余样品应一直保持冷藏状态。颗粒物的溶解和微生物活动会影响湿沉降样品中离子的稳定性，通常会导致镁、钙、钠和钾的离子浓度增加以及铵根离子浓度降低，冷藏会减慢变化速度但不会阻止变化发生。镁、钙、钠和钾等离子的浓度易受到碱性颗粒物溶解的影响，过滤可以减少影响。

样品分析的优先级：

当样品到达实验室后，研究人员应仔细检查每个样品随附的样品采样记录表（参见第 4.7 节），以了解样品的基本情况；还需对样品与样品运输交接单进行核对，并确定样品分析的优先级。

图 6-1 概述了确定样品量是否充足，并在实验室进行常规处理的流程。

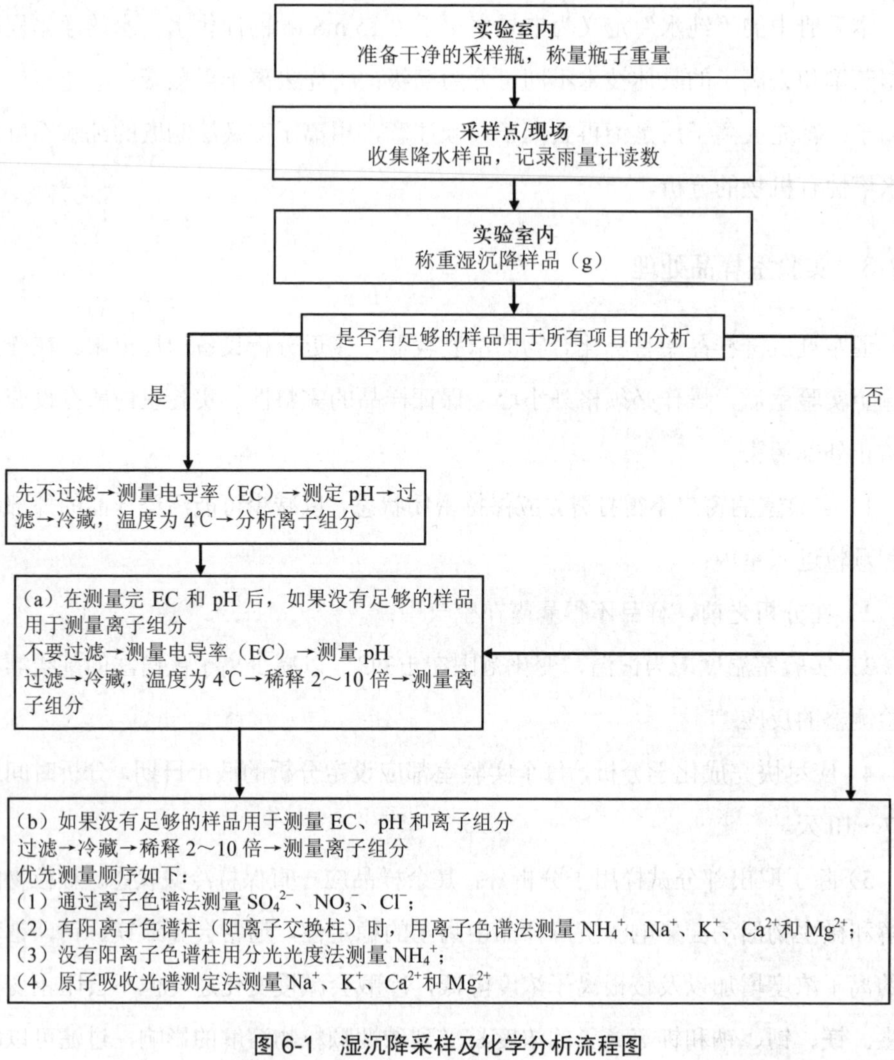

图 6-1 湿沉降采样及化学分析流程图

通常根据样品量来确定分析的优先级（依据图 6-1 的流程来判断），如果样品充足，则应先测定电导率和 pH，然后使用干净的 0.45 μm 孔膜过滤器过滤样品，如下所述：

1）每个过滤器在使用前都先要用纯水仔细润洗，以减少过滤器中含有的污染物，然后倒掉滤液；

2）过滤 1～2 mL 样品并丢弃滤液，确保上一步的滤液完全清除；

3）将预定量的样品通过过滤器，将滤液密封保存在 4℃下，用于化学分析。

当样品量不足以进行常规处理，或当分析物浓度超出实验室方法可接受的范围（高于限定值）时，应在分析（或重新分析）之前用纯水稀释样品。纯水中如果有污染物，会影响样品浓度，因此稀释前必须测量水的纯度。报告数据时，必须标记稀释样品的分析结果。

如果样品量不足，EANET 建议按照图 6-1 所示的步骤进行分析。将部分试样（如 5 mL）用纯水稀释至适当的（预定的）量，然后按如下流程进行分析：

1）通过离子色谱法测定 SO_4^{2-}、NO_3^-和 Cl^-；

2）当配有阳离子色谱柱时，通过离子色谱法测定 NH_4^+、Na^+、K^+、Ca^{2+}和 Mg^{2+}；如果没有阳离子色谱柱则用以下方法进行分析：

①通过分光光度法测定 NH_4^+；

②通过原子吸收光谱法测定 Na^+、Ca^{2+}、Mg^{2+}和 K^+。

注意：不能用稀释后的样品来测定电导率和 pH。

可以通过样品稀释来分析超过仪器检出上限的化学组分的浓度，方法如下：

1）将部分样品（如 10 mL）置于校准过的容量瓶中；

2）加入纯水，加入的体积取决于容量瓶的大小（如容积为 50 mL，应加入 10 mL 样品和 40 mL 纯水）；

3）应该预先考虑和评估用于稀释样品的纯水的质量；

4）也可以用质量法来稀释样品：

①称重一个干净的容量瓶，然后将天平归零；

②往瓶中倒入少量样品（20℃时雨水和纯水的密度约为 1.0 g/mL）；

③加入足量的纯水，以达到所需的稀释度，稀释倍数可以根据原始样品质量和最终质量来确定。

在化学分析的质量控制中用于仪器分析的实验室器皿、样品储存瓶和样品处理容器的清洁起关键作用。样品储存和处理容器可以由塑料和玻璃制成，用于短期保存样品、稀释样品或样品处理，或作为实验分析仪器配备的自动进样器的容器部分。必须保证所有塑料和玻璃制品内外的清洁：

1）如果怀疑实验室内某物品被污染，应使用稀释硝酸冲洗，然后用纯水冲洗，同时应注意不要被硝酸或其他清洁剂污染了实验室；

2）应使用市售的专用实验室清洁剂清洁被污染的物品，不建议使用家用洗涤剂；

3）可以使用软海绵擦洗塑料器皿，应防止刮伤器皿表面，否则表面凹槽内可能会残留碎屑和漂洗废水；

4）如果使用洗涤剂清洗器皿、瓶子和容器，应用自来水反复冲洗，然后再用纯水冲洗至少两次；

5）应在干净的实验室中常温干燥器皿，切勿用任何材料擦拭或进行预干燥，虽然用试剂级乙醇冲洗可以减少干燥时间，但不建议采用这种方法；

6）在干燥并使用样品储存瓶前，应将其装满纯水并静置一晚；

7）分析前，应取一些干净的容器分析其容器空白。

6.3 电导率

6.3.1 背景

电导率的测定是一种十分基础的分析步骤，因为它有助于：

1）评估样品的电中性；

2）估算样品的离子浓度水平；

3）确定整体数据质量；

4）快速判定水质好坏。

电导率测量的精密度和准确度在很大程度上取决于分析人员的专业水平和所用电导池的使用年限（Noguchi et al.，1997）。

溶液的电导率是其电阻的倒数，可以使用带有电导池的电导桥直接测量。电导率随溶液温度的变化而变化，且与溶液中自由离子的浓度和种类有关。电导率还取决于电极面积和间距，因此必须校准测量仪器以获取电导池常数来调整仪器。可以使用已知浓度和电导率的 KCl 溶液进行校准。

电导率以 mS/m 为单位，并将温度校正到 25℃。降水样品的电导率通常在 0.5～100 mS/m。

如果样品量较少，可以用测量完电导率的试样继续测量 pH。但 pH 测定后的样品不能再用于测量电导率，以避免 pH 电极上附着的盐污染引起误差。

6.3.2 仪器和设备

测定电导率的仪器和设备要求如下：

1）电导桥和电导池系统的工作范围至少应该是 0.1～100 mS/m。电导率仪的精密度和准确度的误差保证值分别为±0.5%和±1%；

2）铂材质的电导池；

3）温度计；

4）水浴温度建议为 25℃，当使用恒温水浴时需检查水温。如果电导率仪具有温度校正功能，则必须先通过手动校准确认其校正系统正常工作。如果不能确定恒温水浴槽的温度能保持稳定，则槽内应至少有 5 L 的水以确保恒温；

5）使用的塑料或玻璃容器的直径应大于电导池的直径。

6.3.3 试剂和耗材

标准储备溶液 A，浓度为 0.1 mol/L：取 7.456 g 预先烘干（105℃，2 h）的 KCl 溶于纯水，并在 25℃用纯水稀释至 1 000 mL。

标准储备溶液 B，浓度为 0.01 mol/L：取 10mL 浓度为 0.1 mol/L 的 KCl，并在 25℃用纯水稀释至 100 mL。

每组分析必须使用新配制的电导率标准溶液。如果无法制备新的电导率标准溶液，可将高浓度的标准储备溶液冷藏储存在小体积且具有良好气密性的容器中，需要时再稀释使用。

6.3.4 仪器校准

电导率仪的校准应使用三种不同浓度的标准溶液：0.000 1 mol/L、0.000 5 mol/L 和 0.001 mol/L 的 KCl 溶液。用纯水稀释浓度为 0.01 mol/L 的 KCl 储备溶液即可得到上述浓度的溶液。纯水的纯度必须通过测量其电导率来确定。已知浓度的 KCl 溶液（表 6-2）的电导率必须绘制为 KCl 浓度的函数图，确定呈线性关系的浓度范围，从而确定样品浓度。

校准前，应排干电极棒上的标准储备溶液，并用纯水冲洗。通过测量纯水的电导率可以估计纯水的纯度和电导池中可能存在的污染。如果电导池常数改变，则应重新测量纯水的电导率，并按标准程序清洗电导池直到电导池常数稳定。

表 6-2 25℃时 KCl 溶液的电导率

浓度/（mol/L）	电导率/（mS/m）
0.000 1	1.494
0.000 5	7.390
0.001	14.700

电导率仪校准的标准操作程序如下：

（1）准备

1）用干净的纯水冲洗电导池；

2）打开电导率仪，此时电导率仪读数应小于 0.05 mS/m。

（2）校准

1）从纯水中取出电导池，用纯水冲洗电极棒，确保电极棒上的小孔也冲洗干净；

2）将电极棒放入装有浓度为 0.001 mol/L、电导率为 14.7 mS/m 的 KCl 标准溶液的小容器中，反复上下移动，确保所有部位都与溶液接触；

3）倒掉容器里的溶液，重新换上新的 KCl 标准溶液，并将电极棒浸没，注意盖好标准溶液储存容器的盖子；

4）当温度达到 25℃时，轻轻摇动电极棒数次；

5）记录标准溶液的温度；

6）设置电导率仪单位为 mS/m，记录显示的电导率；

7）用装有纯水的洗瓶冲洗电极棒，或者在装有足够纯水的烧杯中上下振荡冲洗电极棒；

8）纯水的电导率需小于 0.05 mS/m，如果电极棒电导率大于 0.05 mS/m，则重复上一步骤，然后重复步骤 2）至 7），测量所有浓度的标准溶液；

9）在开始测量样品电导率之前，应将电极棒浸泡在装满干净纯水的烧杯中。

6.3.5 样品测量

实验室应遵循电导池制造商提供的用法说明。连接电导池的检测器通常设定在 25℃开始测量。恒温水浴槽可以保证被测样品一直保持在参考温度。如果不使用恒温水浴槽，则应保证样品和标准溶液温度相同或尽可能接近。记录电导率后应立刻记录样品和标准溶液的温度。

为确保电极棒上没有样品残留和被污染，每次测量后应用纯水反复冲洗电极棒。清洗完成后，甩掉电极棒上残留的纯水。如不立刻使用电极棒，则应将其浸没在纯水中，以备下次使用。

若样品量足以进行常规电导率测量，则在开始测量前，将一部分样品倒入容器用来润洗电极棒，该溶液也可用于测量 pH 前润洗 pH 电极棒。

测量时电导率应至少精确至 0.01 mS/m。如果测量时电极棒的温度不是 25℃，可根据下表将温度校正至 25℃（表 6-3）。

表 6-3　浓度为 0.000 5 mol/L 的 KCl 的电导率

温度/℃	电导率/（mS/m）
20	6.68
21	6.82
22	6.95
23	7.10
24	7.24
25	7.39
26	7.54
27	7.69
28	7.84

6.3.6 计算

电导率通常指 25℃时的电导率，因此如果测量样品时温度不同，则应校正至 25℃。大多数电导率仪都具有温度校正功能。如没有，则应使用制造商针对电极棒类型和所用仪器提供的校正系数进行校正。

6.3.7 质量控制

可将测量出的电导率与根据离子浓度计算出的理论电导率进行验证（电导平衡 *R*2）。每个实验室应建立数据质量目标，以达到对电导率测量数据进行质量控制的目的。实验室内控样和有证标准物质的使用及质控图的绘制，应列为质量控制的常规程序。实验室间数据比对和重复分析是控制电导率数据质量的有效措施。详细的质量控制程序会在第 7 章描述。

6.4 pH 测量

6.4.1 背景

pH 通常用于表示降水酸度，在降水化学评估中作用有限。尽管测量 pH 需要的仪器和技术都较为简单，但很难像其他降水化学组分分析一样为其设定一个较高的数据质量目标。Noguchi 等（1997）研究发现，pH 测量精度取决于很多因素，包括电极的老化程度和分析人员的经验，pH 对数尺度的计数方式也为精准测量带来了挑战。

pH 的对数尺度计数体现在：当 pH 从 3.0 变到 7.5 时，相应的氢离子浓度[H^+]从 1 000 μmol/L 降低到＜0.1 μmol/L。pH 等于溶液中游离酸 H^+浓度的负对数值：pH = −lg [H^+]，[H^+]指溶液中游离态氢离子的浓度值，单位为 mol/L。通常用来测定 pH 的标准 pH 计，由参比电极和玻璃氢离子[H^+]电极组成。玻璃电极的电动势随着溶液中 H^+离子的活度变化而变化。

EANET 报告中的 pH 均指 25℃时的 pH。温度对 pH 的测定有重大的影响。大部分类型的 pH 计带有温度补偿功能，这一功能可以避免温度影响带来的 pH 测量误差。在没有温度控制系统的情况下，pH 校准溶液的测定温度和样品的测定温度要尽量保持一致，这可以将潜在的测量误差降到最低。测量时应清晰记录 pH 的测定温度。

6.4.2 仪器和设备

目前，市面上有多种类型的 pH 计可供选择，在选择时应注意以下几点：

1）pH 计应具有斜率和截距校正功能，误差控制在±0.01 pH；

2）最好选择同时有测量和参比功能的复合电极，以减少样品使用量：

①测量电极是对氢离子活度敏感的玻璃电极；

②参比电极通常由甘汞或银/氯化银组成，如果电势稳定，也可使用其他参比电极；

3）pH 电极应保存在合适的溶液中，如电导率为 7.4 mS/m 的 KCl 标准溶液、0.1 mmol/L 硫酸或 pH 电极的填充溶液；也可短暂保存在纯水中，但不推荐此方法，因为在温暖地区，纯水中会滋生藻类物质，损害电极。在使用前，电极应用纯水反复冲洗。

电极老化是测量 pH 时面临的一个主要问题，应予以关注：

1）使用具有与降水样品相似的，且已知 pH 和电导率的标样来检查 pH 电极的活性；

2）标准样品应冷藏储存，若其 pH 或电导率发生变化，则应更换标准样品：

①如果标准样品的 pH 与之前测量的结果误差大于 0.10 pH，但电导率相同，则应检查电极；

②实际测量值与标准值的误差应在 ±0.02 pH 内，如果差距较大，则应用标准储备溶液（市售标准物质）制备新的标准使用溶液；如果测量结果还不在标准范围之内，则应更换电极；

③如果条件允许，建议每月用稀释后的无机酸（pH 为 4.0、4.2、4.4、4.6、4.8、5.0 的盐酸）检查 pH 计的校准情况，分别取浓度为 1×10^{-3} mol/L，体积分别为 10 mL、6.3 mL、4.0 mL、2.5 mL、1.6 mL 和 1.0 mL 的盐酸溶液稀释至 100 mL，可配得上述 pH 的溶液。

6.4.3 试剂和耗材

目前，可溯源的主要商用标准缓冲溶液有以下三种：

1）pH 4.01 缓冲溶液；

2）pH 6.86 缓冲溶液；

3）pH 9.18 缓冲溶液。

6.4.4 校准

在测量每组样品前，至少应用两点校准法校准 pH 计，pH 为 4.01 和 6.86 的缓冲溶液通常用于降水样品的化学分析（降水样品的 pH 通常在 3.0～7.5）。

1）在准备校准 pH 计和电极时，将电极从制造商提供的浸泡液中取出，然后仔细用纯水清洗电极；

2）将电极浸入 pH 为 6.86 的缓冲溶液，调节标准化旋钮，设置截距；

3）将电极浸入 pH 为 4.01 的缓冲溶液，调节斜率和温度补偿控制功能；

4）确保测量出的值与缓冲溶液的 pH 误差在 ±0.02 pH 之间；

5）校准完毕后，用纯水冲洗电极。一定要保证清洗彻底，因为降水样品的浓度远低于缓冲溶液。如果清洗不到位，则会产生误差，只有将缓冲溶液清洗干净后才能测量样品 pH；或者可以使用特殊的低离子强度缓冲液和离子强度调节溶液清洗电极。

通过确认电动势的数值可以有效地评估 pH 电极的状况，pH 计校准标准操作程序如下：

（1）准备

1）打开电极的盖子或取下套管；

2）用纯水清洗电极。

（2）校准

1）电极洗净并甩干；

2）将电极放入装有 pH 为 6.86 的缓冲溶液的小瓶中：

①轻轻摇动电极数次，确保电极所有部位都与缓冲溶液接触；

②倒掉溶液并装入新的 pH 为 6.86 的缓冲溶液；

3）放入电极，静置 1 分钟；

4）确认仪表设置为 pH 测量；

5）按“CAL”开始校准；

6）确认校准；

7）选择“mV”，测量电动势数值，确认仪表读数接近“0 mV”；

8）选择 pH；

9）取出电极，用纯水仔细冲洗，尤其是电极孔；

10）盖上装有 pH 为 6.86 的缓冲溶液的小瓶的瓶盖；

11）使用 pH 为 4.01 的缓冲溶液重复步骤 2）至 6）；

12）选择“mV”，测量电动势数值，如果与 pH 为 6.86 时测量的电动势相差小于 160 mV，则应更换或维修电极；

13）选择 pH；

14）取出电极，用纯水仔细冲洗，尤其是电极孔；

15）盖上装有 pH 为 4.01 的缓冲溶液小瓶的瓶盖；

16）将电极放入装有 pH 为 6.86 的缓冲溶液的小瓶中：

①轻摇电极数次，确保电极所有部位都与缓冲溶液接触；

②倒掉溶液并装入新的 pH 为 6.86 的缓冲溶液；

③轻摇电极数次，确保电极所有部位都与缓冲溶液接触；

17）静置 pH 计，确认 pH 读数保持不变（如保持在 6.86）；

18）如果 pH 变化，从步骤 5）重新开始；

19）确认仪表测量对象为 pH；

20）按“CAL”开始校准；

21）确认校准；

22）选择“mV”，测量电动势数值，记录电动势和水温；

23）选择 pH；

24）取出电极，用纯水仔细冲洗，尤其是电极孔；

25）盖上装有 pH 为 6.86 的缓冲溶液小瓶的瓶盖；

26）将电极置于装满干净纯水的烧杯中，等待样品测量。

注意：应将标准缓冲溶液置于塑料器皿中进行测量，因为电极在溶液中需要反复摇动，如用玻璃器皿，会导致玻璃电极破碎。

6.4.5 测量程序

1）按照6.4.4节描述的程序校准pH计；

2）将足量样品倒入干净的塑料或玻璃容器中，确保电极完全浸入样品中；

3）确保样品在水浴槽中保持 25℃，或确保样品的温度与标准缓冲溶液的温度相同；如果未使用恒温水浴槽，则应记录每次测量的温度；

4）用多余的部分样品润洗电极；

5）用滤纸擦干电极；

6）将电极浸入装有样品的容器，轻轻摇动样品数秒钟；

7）待电极保持平衡几分钟且pH计读数稳定后，记录下样品的pH和温度。

6.4.6 计算

氢离子浓度可按下述公式计算：

$$[H^+]\text{（μmol/L）} = 10^{(6-pH)}$$

6.4.7 质量控制

pH测量的数据质量可按下列方式进行评估：

1）测量电动势（通常在pH计上显示为mV），检查电极的状态；pH在4～7的电动势差应为170 mV左右。当电动势的差值低于160 mV时，应更换或维修电极（或更换溶液等）；

2）用电导率和pH进行互相验证（特别是对于低pH和低电导率的样品）；

使用以下等式计算氢离子的电导率：

$$\Lambda_{H^+} = 349.7\times10^{(6-pH)}$$

使用H^+浓度计算的最小摩尔电导率Λ（mS/m）应为：

pH=3 时，Λ＞35 mS/m　　pH=3.5 时，Λ＞11.1 mS/m

pH=4 时，Λ＞3.5 mS/m　　pH=4.5 时，Λ＞1.1 mS/m

3）用离子和电导率平衡进行检验，详见 7.2.2；

4）测量有证标准物质的 pH；

5）参与实验室之间的比对；

6）重复分析样品，并评估分析结果。

6.5 离子色谱法测定阴离子

6.5.1 背景

离子色谱法广泛用于测定降水中的阴离子。由于离子对交换材料的亲和性不同，降水中的硫酸盐、硝酸盐和氯化物在离子交换柱上得到分离。含季胺基团的聚合物常被用于分离阴离子，分离后的阴离子在通过强酸性阳离子交换柱（抑制柱）过程中，电解抑制器将所有阳离子交换为 H^+离子，硫酸根、硝酸根和氯离子以酸的形式被电导检测器检测。等度法和梯度法均可用于离子色谱分析，等度法分析的典型色谱图如图 6-2 所示。

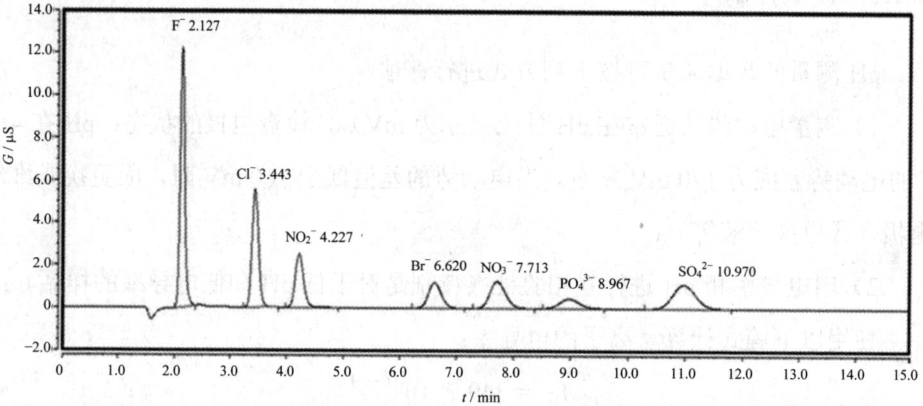

图 6-2　典型阴离子的色谱图

保留时间与所测阴离子相近的任何阴离子都可能因同时洗脱而干扰测定。例如，使用 IonPac 阴离子色谱柱系列的 AG12A 保护柱和 AS12A 分离器柱，氟离子（F^-）后面洗脱的氯离子（Cl^-）可能干扰氟离子（F^-），氯离子（Cl^-）后面洗脱的亚硝酸根离子（NO_2^-）可能干扰氯离子（Cl^-）。

降水中阴离子的浓度范围和推荐的检测限如表 6-4 所示。

表 6-4 降水中阴离子浓度范围和推荐的检测限

阴离子	浓度范围/（μmol/L）	检测限/（μmol/L）
SO_4^{2-}	1～200	1
NO_3^-	2～300	1
Cl^-	1～1 000	1
HCO_3^-	50～1 000	25
NO_2^-	0.2～10	0.2
PO_4^{3-}	0.1～3	0.1
F^-	1～30	1
Br^-	0.1～6	0.1

6.5.2 仪器和设备

1）具有电导检测器的离子色谱系统（例 1：Dx500，例 2：ICS-2000）。Dx500 没有淋洗液发生（EG）系统，ICS-2000 有一个淋洗液发生器，可以从含有高浓度的淋洗液罐中生成淋洗液。

2）阴离子保护柱和分离柱（例 1：IonPacAS14A 阴离子保护柱和 AG14A 阴离子分离柱，或 AS4A-SC 和 AG4A-SC；例 2：IonPac AG17 和 AS17）。

3）阴离子抑制器（例 1：ASRS-II，例 2：ASRS-300）。

4）用来绘制相应色谱图的积分仪或其他相关积分软件。

6.5.3 试剂和耗材

下面两个例子可以说明仪器的校准步骤：

（1）例 1：没有淋洗液发生器的 Dx500

1）高浓度淋洗液/储备液（0.40 mol/L Na_2CO_3/0.17 mol/L $NaHCO_3$）：

①用去离子水将 42.4 g Na_2CO_3 和 14.3 g $NaHCO_3$ 溶解，定容至 1 L；

②将 1 L 高浓度淋洗储备液分成若干个 10 mL 储备液，保存在气密试管中冷藏可达 6 个月。

2）淋洗使用液（4.0 mmol/L Na_2CO_3/ 1.7 mmol/L $NaHCO_3$）：

用去离子水将 40 mL 高浓度淋洗储备液（4 个试管）稀释，定容至 4 L。

3）化学抑制器再生溶液（50 mmol/L H_2SO_4）：

用提前准备的 5 mol/L H_2SO_4 稀释制备。如果在循环模式中使用阴离子自动再生抑制器（ASRS）进行化学抑制，则不需要制备再生液，仅使用淋洗使用液。

4）化学抑制器：

在外部供水模式下，自动抑制器仅需要去离子水，该方法极大地延长了抑制器的寿命，化学抑制器通常需要 200～300 mA 的电流。

5）高浓度混合标准储备液：

由各离子浓度为 1 000 mg/L 的标准溶液混合配制而成（这些标准溶液可在市面上购买，或用高纯度试剂混合制备），所有离子组分在同一个已校准的容量瓶中配制成一份高浓度混合标准储备液。例如，配制成 200 mg/L 的 SO_4^{2-}和 Cl^-、100 mg/L 的 NO_3^-、50 mg/L 的 F^-的高浓度混合标准储备液。

6）高浓度混合标准溶液：

用去离子水稀释高浓度混合标准储备液制成；

7）分析用的标准使用液

是用去离子水稀释含各离子的高浓度混合标准溶液制成的，通常需要配制 5 个不同浓度的混合标准使用液，浓度最低的标准使用液可用来测量精确度。

8）如果对一个特定样品进行一系列分析，在首次注入另一样品之前或在注入高浓度样品之后，应注入去离子水作为空白样品。样品浓度的高低可通过测量电导率轻松估算。

9）在取一个样品到样品容器中时，应该提前用该待测样品润洗容器。一个专用容器仅可在当天被重复用于一个标准溶液。

10）用上述校准标准进行一系列分析，以“mg/L”为质量浓度单位绘制校准曲线，在整个分析过程中需要注意校准曲线数值要保留 4 位有效数字。由此得到的4位有效数字的样品的离子质量浓度数值，最终转换为3位有效数字的“μmol/L”物质的量浓度值。

注意：

由于市售标准溶液都是质量单位，因此用质量单位配制标准溶液较为方便，质量单位转换摩尔单位应在浓度测定的最后阶段进行，需遵循数据报告的详细步骤，详见第 8 章；

（2）例 2：具有梯度淋洗液生成系统的 ICS-2000

1）免试剂离子色谱（RFIC）系统：用装在淋洗液发生罐里的高浓度 KOH 洗脱，采用淋洗液自动生成系统。

2）将流量设定为 1.0 mL/min，淋洗液浓度起初为 5.0 mmol/L 的 KOH，17 分钟后梯度系统将淋洗液浓度增加至 70 mmol/L 的 KOH，因为 SO_4^{2-}、NO_3^-、Cl^- 和其他阴离子（F^-、NO_2^-、PO_4^{3-}等）的峰非常容易分离，梯度洗脱优于等度洗脱。

3）淋洗液发生（EG）系统使用去离子水自动将淋洗液发生罐中的高浓度淋洗液稀释成淋洗使用液；当实验人员使用 4 mm 色谱柱时，化学抑制器的电流设置约为 150 mA。

4）化学抑制器和标准制备的详情参见例 1。

6.5.4 测定步骤

（1）例 1：Dx500

1）使用配制淋洗液的准备工作和步骤：

每次使用前，必须清空并清洗装有淋洗液和淋洗储备液的容器，必须使用高纯试剂制备淋洗液。如果制备好的淋洗储备液一直密封冷藏，则可稀释淋洗储备液制备淋洗液。

如果高浓度淋洗储备液储存在 10 mL 试管中，取一个干净的 2 000 mL 的容量瓶，加入 1 600 mL 去离子水和试管中的 10 mL 淋洗储备液，然后用去离子水反复润洗试管至少 3 次，并将润洗后的水倒入容量瓶，最后用去离子水定容至 2 000 mL。

当碳酸盐和/或碳酸氢盐淋洗液浓度较高时，可能在淋洗液中产生气泡，导致基线不稳定。为了防止此问题，应用低流量（如 100 mL/min）的氦气对淋洗液进行脱气。

为了清除泵内气泡，需要泵预运行 5 min，需用装满淋洗液的塑料注射器手动冲洗泵除去所有气泡。预运行和启动后的几小时应监测基线，在基线稳定后，至少分 3 次注入去离子水，并检查生成的色谱图，以确保系统正常工作。

淋洗液浓度越高，抑制器的电流就要越高，但需切记高电流会缩短抑制器的寿命。关于不同浓度的淋洗液所要求的抑制器电流大小，请参阅制造商提供的说明书和设备手册；例如，对于 4.0 mmol/L Na_2CO_3/1.7 mmol/L $NaHCO_3$ 淋洗液，推荐电流约为 100 mA。

如果安装了自动进样器，则应检查管道系统和针头是否被污染，用于清洗进样器的去离子水也必须未被污染。测量装在小烧杯中的去离子水的电导率，可以检查用于清洗的去离子水是否满足最低分析标准。

2）校准和样品分析

①通过环形注射器系统将标准物质和样品注入离子色谱仪，进样环通常为 50～100 μL。

②为了防止校准液系列分析完后，注入的第一个样品出现错误的高值，用于校准的标准液系列应先从最高浓度开始，按浓度递减的顺序分析。

③每组样品至少需要分析 5 种标准溶液。首先，注入用于校准的标准溶液，然后在标准溶液分析后分析去离子水作为系统空白，以确定系统内没有残留的标准物质。分析人员可以通过在系列标准溶液和第一个样品之间注入的去离子水的

色谱图，来检查是否有污染物残留。如果发现用于校准的标准溶液浓度由低到高注射不影响样品分析，也可按此顺序注射。

④有自动进样器时，在样品倒入样品小瓶前，应使用多余的样品润洗样品小瓶。使用手动注射器注射系统时，也应使用多余样品润洗样品注射器。

⑤打开自动进样器开关，开始分析样品，按与标准溶液相同的方式注入降水样品。

⑥测试当天至少分析 1 次高浓度的标准溶液以检查系统，同时实验室应考虑增加用于质量控制的样品。

⑦当样品浓度高于标准系列溶液的最高浓度时，应将样品稀释后再分析。

⑧分析高浓度样品（可由高电导率确定）和样品类型有变化的样品（在不同的采样点采得的样品、雨或雾等）之后，应用去离子水来清洁和检查系统通道。

（2）例 2：ICS-2000

1）使用免化学试剂离子色谱淋洗液发生器的准备工作和步骤：

用 KOH 和去离子水混合制备淋洗液。淋洗液容器装满新制备的去离子水，用于清洗自动进样器的去离子水应单独保存在 1 个 4 L 的容器中。

在没有高浓度淋洗液的情况下，去离子水不允许进入分离柱，因为去离子水不能使离子洗脱、分离。

先让泵预运行 5 min。需用装满淋洗液的塑料注射器手动冲洗泵，以去除所有气泡。预运行和启动后的几小时应监测基线，在基线稳定后，至少分 3 次注入去离子水，并检查生成的色谱图，以确保系统正常工作。

淋洗液浓度越高，抑制器的电流就要越高，但需切记高电流会缩短抑制器的寿命。关于不同浓度的淋洗液所要求的抑制器电流大小，请参阅制造商提供的说明书和设备手册。

如果安装了自动进样器，则应检查管道系统和针头是否被污染，用于清洗进样器的去离子水也必须保持纯净。采用测量装在小烧杯中去离子水电导率的方法，可以检查用于清洗的去离子水是否满足最低分析要求。

2）校准和样品分析：参见例 1。

6.5.5 计算

离子色谱软件可以用来绘制色谱图，但是所有数据的信号值（如峰面积）都要确认，如果可能，还应使用替代计算软件（如 Excel）计算浓度，这是发现峰值误判和基线漂移等错误的有效方法。

应使用唯一标识符（如日期）命名数据文件，所有文件命名格式必须相同，以便数据搜索。例如，“阴离子 091002”表示 2009 年 10 月 2 日的阴离子数据文件。

每分析 30 个样品，应使用标准峰面积或电导率信号值绘制一个校准曲线，校准曲线应为线性拟合或二次曲线拟合。如果去离子水信号值或电导率较高，则应进行离子色谱维护（包括检查进样针和进样注射阀的污染物情况），然后再进行样品分析。

基线校正的方法：

1）选定所有被测峰的起点和终点，当两个峰重叠时，可以选择两种基线，可选择两个峰共有的基线或将较小峰作为肩峰或驼峰，如图 6-3 所示；

2）查阅制造商提供的操作手册；

3）使用注射器过滤器分析时，结果应扣除去离子水空白值。

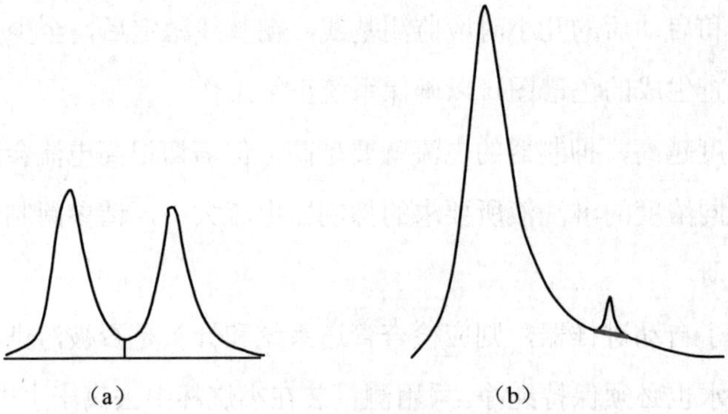

图 6-3 离子色谱基线校正实例

6.5.6 质量控制

通过检查所有必测离子浓度得到的离子平衡和电导率平衡，可以对所测的阴离子进行质量控制。定期测量标准参考物质，参与实验室间比对研究和平行样分析也可有效地控制数据质量，详细内容见第 7 章。

如果离子平衡或电导率平衡的质量控制检查结果很差且显示异常，应进行二次分析样品。如果仍然不能改善离子平衡或电导率平衡的结果，则应讨论并上报原因。

导致结果异常的原因主要有：

1）有未测量的峰（有机酸等）；

2）碳酸氢根离子影响（高 pH、高 Ca^{2+}浓度）；

3）精确度低（电导率小于 0.2 mS/m）；

4）其他原因。

如果是因为 1）、2）两个原因，应按照下一节描述的方法重新分析离子组分。

峰的保留时间的变化会受到淋洗液浓度变化的影响，这种变化通常是由制备过程中淋洗液混合不充分引起的；色谱柱老化可能导致保留时间缩短；流动通路污染可能影响标准溶液的信号值（峰面积）。对比先前分析中获得的信号值或峰面积，以确认标准溶液的保留时间和信号值。

进样针、样品管或进样注射阀中均可能发生阴离子成分的吸附，这会导致峰面积减小。

6.6 碳酸氢盐测定方法

6.6.1 背景

pH 高的样品通常具有高浓度的 Ca^{2+}且离子平衡差的特性，在某些情况下，增加碳酸氢盐的分析，并在平衡计算时增加 HCO_3^-浓度可以改善离子平衡。

测定碳酸氢盐可以改善较差的离子平衡问题，最初利用下列等式计算大气中 CO_2 和溶解的碳酸氢盐二者之间的平衡，以估算碳酸氢盐的浓度：

$[HCO_3^-]$（neq/mL）$= 1.24\times10^{(pH-5.35)}$（JME，2001；EANET，2000a）

若用二者平衡等式计算出的碳酸氢盐的估算浓度小于二者不平衡计算值（Noguchi and Hara，2004），推荐采用 HCO_3^-离子测定法，具体方法会在本节中描述。

目前，有许多方法可用于测定碳酸氢盐，包括梯度离子色谱法、氯化钾滴定法、燃烧-红外吸收光度法及配有特制分离柱的高效液相色谱法。东亚酸沉降监测网（EANET）建议采用碱度法，因为该方法已被用于内陆水监测，且大部分东亚酸沉降网络的实验室都使用该方法，并具有相应的仪器和专业技术，梯度离子色谱法作为可选方法也可以用来测定碳酸氢盐。

样品中碳酸氢盐的测定可使用硫酸滴定法，用硫酸滴定样品直至溶液 pH 达到 4.8，该方法通常用于水质研究（EANET，2000b）。在完成常规项目测定后，需要保留至少 30 mL 的样品用于分析碳酸氢盐。用硫酸溶液（浓度 0.005 mol/L）滴定样品，并用以下公式计算 HCO_3^-浓度（Noguchi and Hara，2004）：

$$[HCO_3^-] = 2f\times a/V+[H^+]-15.85(V+a)/V$$

式中：$[HCO_3^-]$ —— 碳酸氢根离子的浓度，nmol/mL；

f —— 加入硫酸的浓度，nmol/mL；

a —— 加入硫酸的体积，mL；

V —— 样品体积，mL；

$[H^+]$ —— 初始氢离子浓度，nmol/mL。

6.6.2 仪器和设备

（1）碱度法

1）pH 计（参见第 6.4 节）；

2）滴定仪或滴定装置（磁搅拌器、精度小于 0.05 mL 的 10 mL 滴定管）。

（2）梯度离子色谱法

梯度离子色谱法需要专用设备（如配置淋洗液生成系统的 ICS-2000）：

1）具有电导检测器的梯度离子色谱仪（如 ICS-2000）；

2）阴离子分离柱（如 IonPac AG17 + AS17）；

3）阴离子抑制柱（如 ASRS-Ⅱ）；

4）推荐使用的处理色谱图的积分仪。

6.6.3 试剂和耗材

（1）碱度法

1）储备溶液：0.01 mol/L 的硫酸（推荐在市面上购买，也可用合适纯度的高浓度溶液制备）；

2）使用溶液：0.002～0.005 mol/L 的硫酸，适当稀释储备溶液即可获得；

3）标准溶液，0.01 mol/L 的 Na_2CO_3，硫酸溶液（0.005 mol/L）。

（2）梯度离子色谱法

1）用 $NaHCO_3$ 溶液绘制标准曲线；

2）分析时需隔绝空气；

3）须用新制的去离子水；

4）需要做空白试验。

6.6.4 测定方法

（1）分析方法

1）准备 50 mL 烧杯，以及 pH 分别为 6.86 和 4.01 的标准缓冲液等：

①50 mL 烧杯；

②pH 为 6.86 和 4.01 的标准缓冲液；

③硫酸（0.005 mol/L）；

④滴定装置。

2）使用 pH 为 4.01 和 6.86 的缓冲溶液校准 pH 计；

3）将滴定溶液装满滴定管至 0 刻度；

4）将足够样品（20～50 mL）置于干净的玻璃容器中，样品量能够覆盖 pH 电极的传感元件；

5）用去离子水清洗电极后，用滤纸擦去电极上的水滴，然后将电极浸入样品容器中，用磁力搅拌器轻轻旋转搅动样品；

6）电极平衡后测定 pH，直到得到一个稳定的值，记录 pH；

7）用滴定溶液将样品滴定到 pH 4.8 的终点，用磁力搅拌器不断搅拌样品，在 pH 接近 5.5 时，小心滴加滴定溶液，最后记录加入滴定溶液的体积；

8）为了获得滴定溶液的精确体积，应采取以下步骤：

①每滴定 0.1 mL 硫酸（0.005 mol/L）溶液，搅拌并测量 pH；

②当 pH 刚好略高于 4.8 时，记录硫酸（0.005 mol/L）溶液的滴定体积；

③滴定的硫酸体积= a_1 mL；

④pH 略高于 4.8 的值= pH_1。

9）记录硫酸（0.005 mol/L）溶液滴定体积，pH 略低于 4.8：

①硫酸滴定体积=a_2 mL；

②pH 略低于 4.8 的值=pH_2。

（2）梯度离子色谱法

见第 6.5.4 节，例 2。

在开始碳酸氢盐分析之前，请确保已拆除离子色谱上的碳酸氢盐去除装置。

6.6.5 计算

（1）碱度法

$$当\ H_1 = 10^{(6-pH_1)}，H_2 = 10^{(6-pH_2)}；$$

$$a = a_1 +（a_2 - a_1）/（H_2 - H_1）\times（15.85 - H_1）$$

$$[HCO_3^-] = 2fa/V + [H^+] - 15.85 (V + a)/V$$

式中：$[HCO_3^-]$ —— 碳酸氢离子浓度，μmol/L；

f —— 加入硫酸的浓度，μmol/L；

a —— 加入硫酸的体积，mL；

V —— 样品体积，mL；

$[H^+]$ —— 初始氢离子浓度，μmol/L。

（2）梯度离子色谱法

见第 6.5.5 节，例 2。

6.6.6 质量控制

在 $R1$ 离群样本中发现的高浓度 HCO_3^- 通常来自土壤粉尘中的 $CaCO_3$。例如，日本降水样品受亚洲沙尘影响，HCO_3^- 浓度大约是钙离子浓度的 80%（Noguchi and Hara，2004）。HCO_3^- 浓度通常小于 Ca^{2+} 浓度，必须要考虑降水组分的其他离子组分。

6.7 氟化物测定方法

6.7.1 背景

大气中氟化物的来源包括用氟化物的电解铝生产设施、氟磷灰石加工设施、氟化合物玻璃加工设施等。如果这种来源位于监测点位附近，采集到的样品会受到氟化氢的影响，需要测定 HF 和氟离子浓度来评估 HF 对样品酸度的贡献。如果用离子色谱法测定阴离子，氟离子与其他阴离子测定方法相同，且可以在同一个色谱图上检测到。图 6-2 为等度法分析的典型色谱图。

6.7.2 仪器和设备

见第 6.5.2 节。

当用色谱法测定 F^-浓度时，氯离子和有机离子会干扰和扭曲 F^-峰。使用带有淋洗液发生器的梯度系统，可很容易解决这个问题。

6.7.3 试剂和耗材

见第 6.5.3 节。

使用低浓度的淋洗液和降低流量，可以使 F^-峰与干扰峰分离。应注意，如果淋洗液的浓度水平太低，就不能洗脱 SO_4^{2-}和 PO_4^{3-}离子，会导致 SO_4^{2-}和 PO_4^{3-}离子被困在分析柱中，通过更换为分析主要离子的标准淋洗液，可将这些离子从分析柱中除去。因为 F^-不干扰其他离子的分析，所以 F^-的标准储备液和校准溶液可制备成阴离子混合标准溶液。

6.7.4 测定方法

见第 6.5.4 节。

6.7.5 计算

见第 6.5.5 节。

6.7.6 质量控制

见第 6.5.6 节。

氟化物有时很难检测，因为在 H_2O 的负峰后不久就出现氟化物峰。当样品中含有与氟化物有关的海水或海盐时，氟化物这种物质在色谱图中经常被检测到。通常情况下，氟化物浓度不高，不会影响 *R*1 的离子平衡。

6.8 溴化物测定方法

6.8.1 背景

海水含溴量仅为 64.6 mg/kg，从海水中只能提取出少量溴。大部分的溴产品都用于生产一种名为二溴乙烷的除铅剂，这是一种用于制造汽油抗爆剂，然而考虑到环境因素，汽油中的铅含量已经大幅降低了。溴还用于制造熏蒸剂、阻燃剂、净水化合物、染料、医药、消毒剂、摄影用无机溴化物等。如果这些来源被发现在监测点附近，则应对采集的样品进行溴化物测定。

6.8.2 仪器和设备

见第 6.5.2 节。

6.8.3 试剂和耗材

见第 6.5.3 节。

在第 6.7.3 节中也提到了相同的情况，这时使用较低浓度和较低流量的淋洗液可以使 Br^-峰与干扰峰分离。

6.8.4 测定方法

见第 6.5.4 节。

6.8.5 计算

见第 6.5.5 节。

6.8.6 质量控制

见第 6.5.6 节。

6.9 亚硝酸盐测定方法

6.9.1 背景

在有氧条件下，降水样品中通常不会发现亚硝酸盐。当降水样品含有大量有机物质（有机氮等）时，在贮藏过程中由于微生物活动会产生亚硝酸盐。在冬季，当大气中存在高浓度的 HNO_2 和 NO_2 时，可能会形成亚硝酸盐。图 6-2 为等度法分析的典型色谱图。

NO_2^-可以用离子色谱法测定，方法与其他主要阴离子相同。

6.9.2 仪器和设备

见第 6.5.2 节。

在等度淋洗条件下，NO_2^-会在 Cl^-附近洗脱析出，采用离子色谱梯度淋洗法可以很容易地解决干扰问题。

6.9.3 试剂和耗材

见第 6.5.3 节。

在一些情况下，通过使用较低浓度的淋洗液和降低流量可将 NO_2^- 与 Cl^-分离（第 6.7.3 节中也有描述）。应注意，如果淋洗液的浓度太低而不能洗脱 SO_4^{2-}和 PO_4^{3-}，SO_4^{2-}和 PO_4^{3-}就会被困在分析柱中，可通过更换为分析主要阴离子使用的标准淋洗液，将这些离子从分析柱除去。

NO_2^-的标准储备液和校准溶液必须单独制备，因为 NO_2^-可能会影响 NO_3^-的浓度。在 NO_2^-标准溶液中，应检查 NO_3^-浓度，以确定是否发生了转化。

6.9.4 测定方法

见第 6.5.4 节。

6.9.5 计算

见第 6.5.5 节。

6.9.6 质量控制

见第 6.5.6 节。

6.10 磷酸盐测定方法

6.10.1 背景

通常，磷酸盐不存在于降水样品中。当降水样品被诸如鸟粪之类的物质污染，或者采样器附近有污染源时，可能存在磷酸盐。PO_4^{3-}可以用离子色谱法直接测量，方法与主要阴离子测量相同。图 6-2 为等度法分析的典型色谱图。

6.10.2 仪器和设备

见第 6.5.2 节。

6.10.3 试剂和耗材

见第 6.5.3 节。

较低浓度的淋洗液和较低的流量可以使 PO_4^{3-}峰与干扰峰分离。需单独准备 PO_4^{3-}标准储备液和校准溶液，当 NO_3^-和 PO_4^{3-}两者混合在同一标准溶液中时，

NO_3^-峰会出现下降。

6.10.4 测定方法

见第 6.5.4 节。

6.10.5 计算

见第 6.5.5 节。

6.10.6 质量控制

见第 6.5.6 节。

6.11 有机酸测定方法

6.11.1 背景

酸雨是公认的环境问题，具有相当的复杂性，因此研究自然和人为活动对降水酸度的影响十分重要。根据日本国家酸雨评估项目（1983）的年度报告，有机酸在测定降水的游离酸度中起着重要的作用。基恩和加洛韦（1984）的研究表明，在弗吉尼亚州中部的样品中，有机酸占体积加权游离酸度的 16%。此外，他们还推测，美国国家大气沉积计划（NADP）样品中，高达 35%的游离酸度是有机酸造成的。

离子色谱法近年来被广泛应用于食品和降水中有机酸的分析。东亚酸沉降监测网中心（EANET）认为需监测的有机酸有甲酸、乙酸、丙酸和丙酮酸。由于与交换材料的亲和性不同，降水样品中的有机阴离子可在离子交换柱上分离。分离后，阴离子在通过强酸性阳离子交换柱（抑制柱）过程中，将所有阳离子交换为 H^+离子或电抑制剂，有机阴离子以有机酸的形式被电导检测器检测。用含有已知浓度的待测阴离子标准溶液校准离子色谱仪，构建校准曲线，可用来检测未知样品中各组分的浓度。

需要 5 种不同浓度的校准溶液才能生成合适的校准曲线。最低浓度校准溶液所含分析物的浓度应略大于或等于方法检测限，最高浓度校准溶液分析物的浓度应接近降水中分析物浓度的预期上限，制备其他校准溶液的浓度在整个浓度范围内均匀分布。稀释市售的 1 000 mg/L 标准储备液来制备所有校准标准溶液，使用制造商规定偏差和精度公差范围内的玻璃或塑料移液管，当天制备和使用质量浓度 0.10 mg/L 或其以下各种有机酸标准溶液，在室温下储存于高密度聚乙烯或聚丙烯容器中。

热带地区的降水含有多种有机离子，如果分析组分中不包含有机离子，则离子平衡可能不符合离子平衡标准要求。如果要同时测定有机离子和常见无机离子，则需用具有梯度系统的离子色谱，以确保各种离子充分地分离开。

6.11.2 仪器和设备

1）具有电导检测器的离子色谱仪（例如，美国戴安 ICS 3000）；

2）阴离子分离柱（例如，AS 17-C 4×250 mm 分析柱、AG 17-C 4×50 mm 保护柱）；

3）阴离子抑制器（例如，As RS -ULTRA II-4 mm、ASRS 300 4 mm）；

4）自动进样器。

6.11.3 分析条件

1）流动相：氢氧化钾淋洗液罐、去离子水；

2）流量：1.5 mL/min;

3）进样环：50 μL；

4）浓度为 1 mmol/L 的流动相样品；

5）捕集柱：ATC-HC 9×75 mm;

6）阴离子捕集柱：连续再生的 CR-ATC。

6.11.4 试剂和耗材

1）高浓度淋洗液：由淋洗液发生器系统的 KOH 罐生成。

2）淋洗液以 1.5 mL/min 流量，浓度从 1.0 mmol/L KOH 增加至 60 mmol/L KOH（例如，1～8 min：1.0 mmol/L，8～28 min：1～30 mmol/L，28～38 min：30～60 mmol/L，45～50 min：60～100 mmol/L）。

3）对于高浓度淋洗液，再生液应使用去离子水，施加到抑制器的电流通常为 200～300 mA。

4）高浓度混合标准储备液：用各化学组分质量浓度均为 1 000 mg/L 溶液（可在市面上买到），或用高纯度的试剂准备配制。

5）高浓度标准溶液：通过用去离子水稀释高浓度混合标准储备液制备。

6）校准溶液：含各离子的高浓度混合标准溶液，经去离子水稀释可制成工作曲线使用的校准溶液，通常需要 5 种不同浓度的校准溶液。最低浓度校准溶液可用于精度测试（如 LWL 计算等）。

7）如有必要，分析当天测定一次高浓度标准溶液，当标准溶液浓度水平远高于样品时，应稀释后再分析一次。

8）如果对一组特定样品进行分析，则应在首次注入另一个样品之前或在注入高浓度样品之后，将去离子水作为空白样品注入；通过测量电导率可以轻松估算样品浓度大小。

9）将待测样品转移到容器中时，应该提前用待测溶液润洗容器。一个容器仅在分析当天可反复专门盛放一种标准溶液，不可多天使用。

6.11.5 测定方法

见第 6.5.4 节，例 2。

6.11.6 计算

见第 6.5.5 节。

6.11.7 质量控制

见第 6.5.6 节。

等度法可用于测定有机酸的浓度，但可能需要运行两种不同的等度法来分析有机酸，有机酸不容易在单一的等度色谱中测定，如果可能的话，强烈推荐梯度法。

6.12 离子色谱法测定阳离子

6.12.1 背景

离子色谱法广泛用于测定降水中主要阳离子的浓度。测定原理与阴离子相同，只是所用色谱柱材料不同，抑制柱也不同。阳离子分离是利用阳离子交换树脂上的表面活性基团实现的。

使用专用的阳离子交换柱，可以在等度淋洗条件下使用电导检测器检测 Na^+、NH_4^+、K^+、Ca^{2+}、Mg^{2+}（例 1：CG14 + CS14，带循环抑制器 CSRS-II；例 2：CG16+CS16，带循环抑制器 CSRS-300）。

如其他阳离子的保留时间与所测阳离子的相似时会产生信号干扰。例如，在含有高浓度 Na^+的样品中，NH_4^+的峰变得不对称并且经常出现显著的误差。在这种情况下，使用较低浓度的淋洗液测定可以改善峰的分离，或者可以使用梯度法测定。

等度法分析的阳离子典型色谱图如图 6-4 所示。

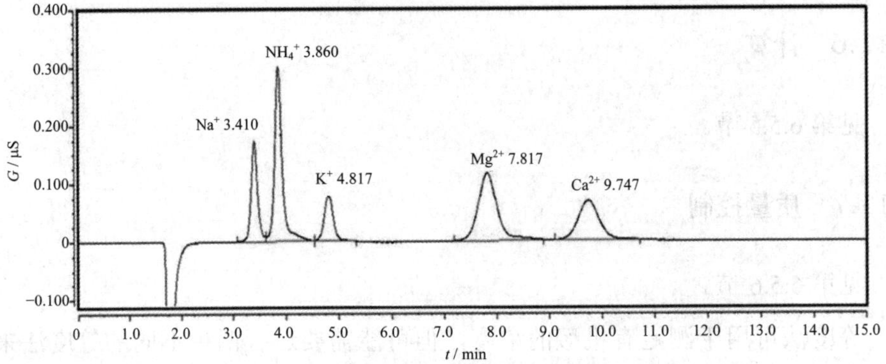

图 6-4 典型阳离子色谱图

降水中阳离子的浓度范围和推荐的检测限如表 6-5 所示。

表 6-5 降水中阳离子浓度范围及推荐检测限

阳离子	浓度范围/（μmol/L）	检测限/（μmol/L）
Na^+	2～900	1
NH_4^+	3～1 000	1
K^+	1～100	0.3
Ca^{2+}	0.5～300	0.2
Mg^{2+}	1～200	0.4

6.12.2 仪器和设备

1）具有电导检测器的离子色谱仪（例 1：DX-500，例 2：ICS-2000）；

2）阳离子分离柱（例 1：CG14 + CS14，例 2：CG16 + CS16）；

3）绘制色谱图推荐的积分仪。

6.12.3 试剂和耗材

（1）例 1：Dx500-使用手工配制淋洗液的等度设置

1）市售的高浓度淋洗储备液（甲基磺酸：2 mol/L-CH_3SO_3H）分装到一系列

每份 10 mL 储备液的密封试管中冷藏，在 6 个月内使用。每份 10 mL 储备液仅为一次性使用，剩余不用的储备液持续保存在初始环境中，不能发生任何环境改变，任何放到室温下或日光条件下分装保存的储备液，都应该丢弃且不能使用，因为该储备液在这样的储存期间会被污染、降解或浓缩；

2）10 mmol/L 的 CH_3SO_3H 淋洗液使用液的制备：用去离子水将 20 mL 高浓度淋洗储备液（2 个试管）稀释至 4 L；

3）可用两种不同的抑制模式：淋洗液和去离子水分别用于循环模式和外部模式，抑制器在外部模式下会有更长的使用寿命；

4）高浓度混合标准储备液：由各相应化学组分浓度为 1 000 mg/L 的标准溶液（通常可在市面上购买，或用高纯度试剂混合制备）配制而成，例如 Na^+：200 mg/L，NH_4^+和 Ca^{2+}：100 mg/L，K^+和 Mg^{2+}：50 mg/L；

5）高浓度标准溶液：将高浓度混合标准储备液用去离子水分别稀释 2 倍、5 倍、10 倍，制备一系列标准溶液（例如，100 mg/L、40 mg/L、20 mg/L-Na^+）；

6）标准使用液：用去离子水将每个高浓度标准溶液稀释 10 倍和 100 倍（例如，10 mg/L-Na^+、4 mg/L-Na^+、2 mg/L-Na^+、1 mg/L-Na^+、0.4 mg/L-Na^+、0.2 mg/L-Na^+)。通常用 5 个标准溶液(例如，10 mg/L-Na^+、4 mg/L-Na^+、2 mg/L-Na^+、1 mg/L-Na^+、0.4 mg/L-Na^+）。最低浓度标准溶液可用于精确度测试（例如，LWL 计算等）。

（2）例 2：ICS2000 离子色谱-具有 RFIC 免化学试剂淋洗液发生器的梯度设置

1）高浓度淋洗液：由“淋洗液发生系统”CH_3SO_3H 淋洗液罐生成；

2）CH_3SO_3H 淋洗使用液：浓度从 10 mmol/L 开始，25 min 内浓度线性增加到 40 mmol/L；

3）考虑到淋洗液的再生和延长抑制器的寿命，强烈推荐使用永久模式。抑制器电流约为 100 mA；

4）见例 1。

6.12.4 测定方法

（1）例 1：Dx500

1）准备工作

每次使用前，应将淋洗液罐清空并用去离子水清洗。按照第 6.12.3 节（试剂和耗材与本例相同）准备淋洗液。如果使用分装好的冷藏高浓度淋洗储备液，将冷藏的储备液从试管转移到含有约 1 600 mL 去离子水的 2 L 容量瓶中，用去离子水润洗试管数次至容量瓶中，以确保最终浓度的准确。需注意甲基磺酸（MSA）非常黏稠，要进行充分润洗，将 2 L 容量瓶定容至刻度线后，反复颠倒容量瓶使溶液混合均匀。

根据仪器手册给抑制器施加适当的电流。使用甲基磺酸（MSA）进行阳离子分析的电流通常从 50 mA 开始，较高的电流会加速损害抑制器。在基线稳定好后，通过反复注入去离子水确认稳定性。

如果安装了自动进样器，则应检查管路系统和进样针是否无污染。供应的清洗去离子水也必须没有污染，可将去离子水装在小烧杯测量电导率，很容易得到确认。

2）校准曲线

①标准溶液和样品通过环形注射器系统注入，进样环定量体积通常为 50～100 μL；

②为防止在校准系列分析完后注射的第一个样品出现错误的高值，标准系列的注射应从最高浓度标准开始，按浓度递减的顺序进行；

③至少注入 5 种浓度的标准溶液分析，在标准溶液分析后紧接着分析去离子水，以检查系统空白。分析人员可以通过检查标准系列和注射的第一个样品之间去离子水的色谱图，来确定是否有污染物残留。如果检查发现，用于校准的标准溶液浓度由低到高注射不影响样品分析，也可按此顺序注射；

④在自动进样装置中，每测定 30 个样本要分析一次标准溶液，还要分析去离

子水以作为空白，所有自动注射的样品浓度应包含在制备的校准曲线标准溶液浓度范围内；

⑤有自动进样器时，应该用多余的样品润洗样品小瓶，使用手动注射器注射系统时，样品注射器也应用多余的样本进行润洗；

⑥打开自动进样器开关，开始分析样品，按与标准溶液相同的方式注入降水样品；

⑦测定当天，至少分析一次高浓度标准溶液来检查系统，当样品浓度高于标准系列溶液最高浓度时，应将样品进行稀释后再分析；

⑧分析高浓度样品（可由高电导率来确定）和类型变化样品（不同地点、雨、雾等）之后，应分析去离子水来清洁和检查系统通道。

（2）例 2：ICS-2000

1）准备工作

用高浓度甲基磺酸和去离子水制备淋洗液。将新制备的去离子水装在 4 L 的淋洗液容器中，或者将去离子水单独装在容器中用于自动进样器清洗。

没有高浓度淋洗液，去离子水不允许进入分离柱，因为去离子水不能将离子洗脱分离。

再生液要用压缩空气净化。

2）校准曲线和样品分析

参见例 1。

6.12.5 计算

离子色谱软件可以用来绘制积分色谱图，但是所有数据的信号值（如峰面积）都要确认。如果可能，还应使用替代计算软件（如 Excel）进行浓度计算，这是发现峰值误判和基线漂移等错误的有效方法。

应使用唯一标识符（如日期）命名数据文件。所有文件命名格式必须相同，以便数据搜索。例如，“阴离子 091002”表示 2009 年 10 月 2 日阴离子数据文件。

每分析 30 个样品前后，应使用标准峰面积或电导率信号值绘制一个校准曲线。对于一阶或二阶回归，校正曲线应采用最小均方法，用校准法计算样品浓度。

当一个样品空白值非常高时，应从校准值中减去该数值，或者在确保注射和自动进样部件无污染后再仔细地分析样品空白，如果去离子水信号值或电导率很高，则应维护离子色谱，包括检查进样针和进样阀是否被污染，随后应对样品进行再分析。

基线校准：

1）给所有被测峰选定起点和终点；

2）查阅制造商提供的操作手册；

3）使用注射器过滤器时，结果应减去去离子水空白值。

6.12.6 质量控制

通过检查所有必测离子浓度得到的离子平衡和电导率平衡，可以对所测阳离子进行质量控制。定期测量标准参考物质、参与实验室间比对项目、平行样分析也可有效地控制阳离子数据质量，详细内容见第 7 章。

离子平衡和电导率平衡检查结果可能会很差。当 *R*1、*R*2 或两者不符合平衡标准时，应对这些样品进行再分析，再分析的结果应与以前的结果一起再评估。如果再分析无法解决问题，应在数据报告该样本的注释部分中注明最可能的原因。不平衡现象通常与以下因素有关：

1）有机酸或未知化合物产生额外的色谱峰干扰；

2）在高 pH、高浓度 Ca^{2+}情况下，未被分析的 HCO_3^-对离子平衡有显著影响；

3）小于 0.2 mS/m 的低电导率、低浓度水平的样品会有非常低的准确度和精密度。

如果确认还有其他原因，应在注释部分描述，否则标注“未知”。值得注意的是，离子色谱的保留时间受多种因素影响变化，主要有以下几个因素：

1）淋洗液浓度水平；

2）分析柱老化状况；

3）被污染的一系列标准溶液；

4）因先前的样品残留或污染物的积累而导致流动管路污染。

实验室分析人员必须开展调查，来评估保留时间的变化和标准系列的重现性，以尽早发现并解决分析系统的潜在问题。经验表明，阳离子分析系统经常会产生过高估计的测量值，这是由于在流动相内部残留的污染物造成的。

保留时间随淋洗液浓度和色谱柱的老化程度而变化，而标准溶液中各离子的峰值响应受标准溶液和流动相老化降解的影响。通过对标准系列中不同浓度各离子的保留时间和峰响应值与以前结果的比较，检查色谱系统，确定分析系统的稳定性。

6.13 分光光度法测定铵离子

6.13.1 背景

铵离子主要通过基于分析酚盐的自动或手动系统设备来测定。极力推荐将水浴温度调至50℃，以加快反应时间，便于分析。

使用该推荐方法 NH_4^+的检测限为 2 μmol/L，测定范围为 2～110 μmol/L。通过稀释样品可以扩大测定范围。

分析样品很容易被来自环境空气中的氨污染。大多数实验室的环境空气中含有大量的氨，容易污染降水样品。除非添加保护试剂，否则样品试管必须在整个分析过程中封闭。用该方法的所有样品管必须先用去离子水清洗，再用一小部分待测样品润洗。这项分析技术需要一些经验和技能，一般的分析人员无法胜任，建议对有资质的分析人员进行实际培训，以获得高质量的测量结果。

6.13.2 仪器和设备

（1）手动分光光度法

1）630 nm 分光光度计；

2）水浴锅（可加热至50℃）；

3）具塞玻璃比色管。

（2）自动分光光度法

自动分光光度计（如 BL-TEC K.K.自动分析仪）。

6.13.3 试剂和耗材

（1）手动分光光度法

1）标准储备液（5.54 mmol/L）：用去离子水溶解 0.296 5 g 氯化铵（105℃下烘干）并稀释至 1 000 mL；

2）碱性酚溶液：3.5 g 氢氧化钠（NaOH）+ 8.5 mL 苯酚+ 0.04 g 硝普钠溶于 100 mL 去离子水中，溶液在 4℃下冷藏保存时间不超过 1 周；新配溶液在 1 周内使用；

3）NaClO 溶液：用去离子水将 250 mL 的 5.25%NaClO 稀释至 500 mL；

4）缓冲溶液：将 18 g 反式-1,2-环己二胺四乙酸水合物 CyDTA（$C_{14}H_{22}N_2O_8$ H_2O）、5 g 氢氧化钠和 5 g 碳酸钠溶于去离子水中，用去离子水稀释至 1 000 mL，调节 pH 为 10；新配溶液 1 周内使用。

应该注意，pH 会影响溶液显色，缓冲溶液可能会影响测定，缓冲溶液仅在必要时使用。

（2）自动分光光度法

根据操作手册制备（以 BL-TEC K.自动分析仪为例）：

1）标准储备溶液（5.54 mmol/L）：用去离子水溶解 0.296 5 g 氯化铵（在 105℃下烘干）并稀释至 1 000 mL；

2）缓冲溶液：将 18 g 反式-1,2-环己二胺四乙酸水合物、5 g 氢氧化钠和 5 g 碳酸钠溶于去离子水中，用去离子水稀释至 1 000 mL，调节 pH 至 10；新配溶液 1 周内使用；

3）硝普钠溶液：用去离子水溶解 0.6 g 硝普钠并稀释至 1 000 mL；新配溶液 1 周内使用；

4）混合溶液：将缓冲溶液与硝普钠溶液以 4：1 的比例混合，并将 1 mL 的 15%十二烷基磺酸钠［$CH_3(CH_2)_{11}OSO_3Na$］溶液加入到 100 mL 的混合溶液中；临用现配，当天使用；

5）碱性酚溶液：将 47.5 g 苯酚和 19 g NaOH 溶于去离子水中，用去离子水稀释至 500 mL，新配溶液 1 周内使用；

6）NaClO 溶液：有效氯浓度大于 1.5%，临用现配当天使用，并存放在有色瓶中。

6.13.4 测定方法

（1）手动分光光度法

1）在测量操作之前，分光光度计应开启 30 min，以确保其达到所需的工作温度；

2）将 5 mL 样品倒入比色管中，加入 15 mL 去离子水、0.5 mL 碱性酚溶液和 0.5 mL 次氯酸钠溶液，盖上比色管玻璃塞。对于低浓度水平样品，直接使用 20 mL 样品进行分析，无需添加去离子水；

3）水浴加热到 50℃，将样品置于水浴中 2 小时，分光光度计在 630 nm 处测定样品；

4）每次测定试剂空白溶液。

（2）自动分光光度法

1）由不同孔径的管子调节不同的流速，按比例添加 3 种试剂，分别是混合溶液 0.641 mL/min、碱性酚溶液 0.381 mL/min、NaClO 溶液 0.151 mL/min；

2）选择波长为 630 nm 的滤光片；

3）确认稳定的基线；

4）注入标准系列中浓度最高的标准溶液，并连续两次注入空白去离子水；

5）确认那些方形峰，确认浓度最高标准对随后分析的水峰没有干扰，确认两个连续水峰的足够再现性（例如，在 3%内）。如果未满足以上 3 个要求，请仔细清洗管路系统或更换连接管以满足所有 3 个条件。

6.13.5 计算

虽然该仪器系统提供了高灵敏度的分析，但测定范围并没有扩展到高浓度范围，高浓度样品必须稀释。某些自动分光光度仪配备自动稀释功能，在进行测定操作之前，要将待分析的样品分为高浓度、低浓度两组。

（1）手动分光光度法（0.05～1.0 mg/L）

1）需要 5 个校准溶液（0.2 mg/L、0.4 mg/L、0.6 mg/L、0.8 mg/L、1.0 mg/L）和 1 个零标准溶液（空白，通常为去离子水），用最小均方回归分析生成合适的校准曲线；

2）在样品分析之前和分析之后，均要分析标准溶液。当分析的样本数多于平均测定的样本时，要定期分析浓度最高的标准溶液，以确认峰值响应未变坏；

3）在标准系列的线性回归分析中，一些高浓度标准液可能向下偏离线性回归线，在这种情况下适当稀释高浓度标准溶液，以达到进一步分析所需的线性要求。

（2）自动分光光度法

1）与（1）中 1）、2）、3）相同；

2）一般情况下，校准曲线由分析系统自带的软件自动生成，即使在这种情况下，也要确认校准溶液的输出峰值和线性都在通常的变化范围内。

6.13.6 质量控制

通过检查所有必测离子浓度得到的离子平衡和电导率平衡，可对测定铵离子浓度进行质量控制。定期测定标准参考物质、参与实验室间比对研究和平行样分析是控制铵离子浓度数据质量的有效手段，具体步骤见第7章。

手动和自动分光光度法中，降水样品不需要对干扰物质和样品pH预处理。如果样品中出现沉淀浑浊，则根据需要对样品进行混凝沉淀处理或蒸汽蒸馏预处理。

应该注意的是，如果延迟加入NaClO或者有效氯量不足，会导致吸光度读数偏低。

6.14 原子吸收/发射光谱法测定金属离子

6.14.1 背景

原子吸收光谱法是一种简便、快速的测定降水中 Na^+、K^+、Ca^{2+}和 Mg^{2+}的方法。其检出限、灵敏度和最佳测定范围取决于制造商和原子吸收分光光度计的型号。

降水中Na^+、K^+、Ca^{2+}和Mg^{2+}的浓度较低时，需要使用灵敏度非常高的仪器设备（表6-6）。在火焰原子吸收光谱法中，这些金属离子直接在火焰中原子雾化。阴极含有特定金属的灯发出光束，首先穿过含有原子雾化样品的火焰，然后进入单色仪，单色仪的检测器测定由光的吸收引起的电流信号。由于每个金属都具有特定的吸收光波长，所以被火焰吸收的光能与被测样品中的金属离子浓度成正比。

表6-6 金属离子浓度范围和推荐的最低检测限

金属离子	范围/（μmol/L）	最低检测限/（μmol/L）
Na^+	0.4～90	0.4
K^+	1～30	1
Ca^{2+}	0.2～80	0.2
Mg^{2+}	0.2～20	0.2

最低检测限被定义为检测器灵敏度/仪器噪声=2。

6.14.2 仪器和设备

1）原子吸收（和/或发射）分光光度计

单通道或双通道、单光束或双光束的仪器，具有单色仪、光电倍增管检测器、可调节狭缝、90～800 nm 的波长范围、插槽燃烧器系统、电源和放大器、一台合适的记录仪或计算机。

2）Na^+、K^+、Ca^{2+}、Mg^{2+}空心阴极灯

单元素灯或多元素灯均可用于分析。在配备空心阴极灯的情况下，Na^+和 K^+也可以用火焰原子发射分光光度计测定。

3）压缩气体和减压阀

需备两瓶乙炔，实验室空气压缩机（带有清洗装置）或空气压缩钢瓶提供空气。

6.14.3 试剂和耗材

1）标准溶液：市售浓度为 1 000 mg/L 的 Na^+、K^+、Ca^{2+}、Mg^{2+}标准溶液；

2）氯化铯溶液：例如 5 g/L-Cs;

3）硝酸镧溶液：例如 0.5 g/L-La。

6.14.4 测定方法

由于原子吸收分光光度计之间存在许多差异，因此无法制定详细说明；分析人员应遵照每个仪器厂家的使用说明。通常操作步骤如下：

1）打开分析仪；

2）调整光源以获得最大响应；

3）点燃火焰；

4）让仪器预热（至少 15 min）；

5）设置波长；

6）优化和调整雾化速率，以获得最大响应；

7）调整燃烧器位置以获得最大响应；

8）制备一条完整的校准曲线，每分析 20 个样品后，分析一个标准样品。

表 6-7 举例说明了用空气/乙炔槽式燃烧器的原子吸收/发射光谱法测定每个金属离子的工作条件。

表 6-7 原子吸收（AA）/发射（AE）光谱测定金属离子的工作条件

模式	Na^+	K^+	Ca^{2+}	Mg^{2+}
	AA or AE	AA or AE	AA	AA
燃料和火焰状况	空气-乙炔，化学计量	空气-乙炔，化学计量	空气-乙炔，富火焰	空气-乙炔，化学计量
吸收波长/nm	589.6	766.5	422.7	285.2

在用原子吸收光谱法测定钠和钾时，当样品中一种金属元素浓度明显较高时，对另一种金属元素都会产生正干扰。干扰的程度会与干扰物的数量成正比。通过加入氯化铯使溶液浓度达到 1 000 mg/L-Cs，这可以降低干扰水平。

在钙和镁离子的分析中，添加硝酸镧可以消除硅酸盐和铝等干扰组分的影响。

6.14.5 校准

1）用去离子水、硝酸（高浓度光谱纯）、高纯化学试剂（高纯金属离子）制备成浓度为 1 000 mg/L 金属离子标准储备溶液，也可以使用市售的标准溶液；

2）针对每组被分析的样品，将金属离子标准储备液稀释成适当范围的各种浓度。准备 1 个空白（用纯水、硝酸和硝酸镧或氯化锶溶液）和 6 个校准标准溶液，必须在样品和校准溶液中添加含有相同金属离子的硝酸储备液。

6.14.6 质量控制

所测金属离子浓度的质量可以通过检查所有必测离子浓度的离子平衡和电导率平衡来进行质量控制。定期测定标准参考物质、参与实验室间比对研究和平行样分析均对控制金属离子浓度数据质量很有效，具体步骤见第 7 章。

7 质量保证/质量控制（QA/QC）

数据控制由实验室负责人（PCL）、每个参与国的国家质量保证/质量控制（QA/QC）管理员（NAM）和网络质量保证/质量控制（QA/QC）管理员（NEM）负责实施。

实验室负责人（PCL）负责收集测定数据和其他信息，并报告给所在参与国的国家质量保证/质量控制（QA/QC）管理员（NAM）。国家质量保证/质量控制（QA/QC）管理员（NAM）是各国负责质量保证/质量控制（QA/QC）的人员，他们对来自实验室负责人（PCL）的数据进行检查。国家中心要向网络中心报告监测数据。网络质量保证/质量控制（QA/QC）管理员（NEM）负责建立经过验证的数据库。验证后的数据不仅应在EANET内部公开，还应向EANET外部公开。

PCL：实验室负责人

NAM：国家质量保证/质量控制（QA/QC）管理员

NEM：网络质量保证/质量控制（QA/QC）管理员

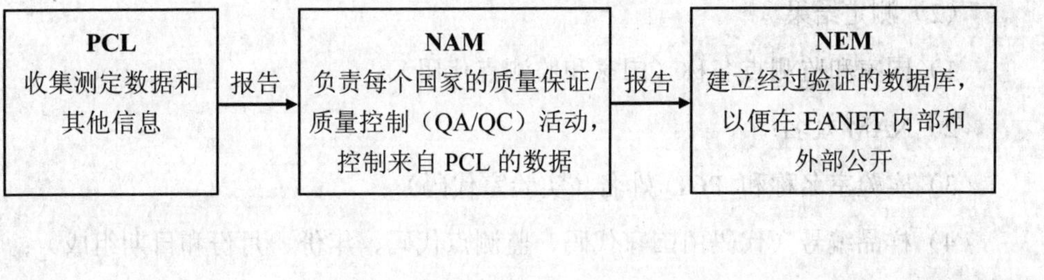

7.1 数据分类

数据被分成两种类型：

1）通过 NAM 由 PCL 控制并报告给 NEM 的数据；

2）由 NAM 控制的数据，在需要时应报告给 NEM。

7.1.1 数据报告

通过 NAM 由 PCL 报告给 NEM 的数据分成两类：

1）关于监测点、采样、运输、实验室操作、化学分析等信息；

2）降水化学测定结果，包括降水量和可计算指标。评论和注释（标注）也是测定结果的主要组成部分。

（1）监测点、采样、运输、实验室操作、化学分析信息

1）国家和监测点名称（国家和监测点代码）；

2）NAM 姓名；

3）实验室名称和 PCL 姓名（实验室代码）；

4）监测点信息（现场尺度、本地尺度、地区尺度）；

5）采样条件信息（降水化学收集器、雨量计、气象参数和测量装置）；

6）样品历史信息（运输频率、包装程序、实验室操作等）；

7）化学分析条件（控制图）。

（2）测定结果

1）国家和监测点名称（国家和监测点代码）；

2）NAM 姓名；

3）实验室名称和 PCL 姓名（实验室代码）；

4）样品编号（代码由国家代码、监测点代码、年份、月份和日期组成）；

5）采样开始和结束的日期和时刻；

6）化学分析结束日期；

7）SO_4^{2-}、NO_3^-、Cl^- 浓度（μmol/L）；

8）NH_4^+、Na^+、K^+、Ca^{2+}、Mg^{2+}浓度（μmol/L）；

9）其他离子浓度（非必填项）；

10）电导率（mS/m）；

11）pH（精确到 0.01）；

12）*R*1：阳离子和阴离子平衡（用于定义和计算，见第 7.2.2 节）；

13）*R*2：电导率平衡（见第 7.2.2 节）；

14）样品溶液量（0.1 g）；

15）降水量（来自气象仪器测定或报告的数据）；

16）注释（标注）：任何其他信息。

7.1.2 各国（NAM）控制的数据

由各国（NAM）控制的数据有：

1）影响空气污染情况的信息，如气象数据、气候、气候植被和生活方式；

2）影响测定准确度的信息，如化学分析仪器条件和实验室条件，当需要时，应当上报这些数据。

（1）空气污染情况

1）气象数据；

2）气候（雨季、旱季、沙尘暴季节、火山爆发情况等）；

3）植被（树木种类、花粉传播季节等）；

4）生活方式（耕作情况、生物质燃烧等）。

（2）测定结果精密度情况

1）分析仪器情况（校准曲线、分析过程中每种样品的溶液温度等）；

2）实验室条件（仪器清单等）。

7.2 数据检查

数据检查或确认基于以下几点：

1）以前测定数据的经验；

2）空气和降水中化学成分间的关系；

3）空间演变情况；

4）时间演变情况；

5）将测定结果和由理论或模型的估计值相对比。

以前的数据记录可创建简单的统计数据，如百分含量、平均值和标准偏差。通常优先选择经过对数转换的数据。这些统计数据可以与控制图关联使用，也可以用于新数据与旧数据集的其他比较。

各种化学成分（包括离子平衡和电导率平衡）间关系、海盐组分间关系、相邻站点组分间关系或不同时间组分间关系均可用于数据检查。

7.2.1 统计检验

统计检验是将新的测定值与数据库中已有的数据进行比较。统计检验有助于甄别可能的异常值或错误结果。统计检验是基于数据分布假设。

每一降水组分均可与先前使用对数分布的数据相比较。不在 4 倍标准偏差范围内的数据，应该与其他组分、前后几天获得的浓度值以及邻近点位浓度值做进一步对比分析。

7.2.2 离子平衡和电导率平衡检查

（1）阳离子和阴离子平衡（$R1$）

降水电中性原理是指总阴离子当量等于总阳离子当量。根据该原理，可通过下述公式检查降水样品的离子平衡：

$$R1 = (C - A) / (C + A) \times 100\%$$

式中：C、A——阳离子和阴离子当量浓度，μeq/L。

该公式是从美国国家环境保护局（EPA）使用的相应公式中简化而来的，其中分母是两种离子加和的平均值。降水分析所要求的离子平衡由表 7-2 给出。

（美国国家环境保护局空气污染测定系统质量保证手册第五卷：降水测量系统。EPA/600/R-94/038E 美国国家环境保护局研究和发展办公室，华盛顿特区，20460，1994 年 4 月）

$$A\ (\mu eq/L) = \sum C_{Ai} \times V_i$$

式中：C_{Ai} ——第 i 个阴离子的浓度，μmol/L；

V_i ——第 i 个离子的价数。

$$C\ (\mu eq/L) = 10^{(6-pH)} + \sum C_{Ci} \times V_i$$

式中：C_{Ci} ——第 i 个阳离子的浓度，μmol/L；

V_i ——第 i 个离子的价数。

如果单位采用 mg/L，则应按照如下公式进行转换：

$$(\mu mol/L) = (mg/L) \times 1\,000/M$$

式中：M 为摩尔质量，其数值等于其相对分子质量。阳离子和阴离子的相对分子质量详见表 7-1。

当测定甲酸或乙酸，或同时测定二者时，$R1$ 和 $R2$ 的评价应考虑甲酸和乙酸离子。这些弱酸的浓度（μeq/L）通过解离常数 Ka 和 pH 如下计算：

$$[HCOO^-] = [HCOOH]Ka/[H^+] = [HCOOH] \times 10^{(pH - pKa)} = [HCOOH] \times 10^{(pH - 3.55)}$$

$$[CH_3COO^-] = [CH_3COOH]Ka/[H^+] = [CH_3COOH] \times 10^{(pH - pKa)}$$

$$= [CH_3COOH] \times 10^{(pH - 4.56)}$$

$HCOO^-$和 CH_3COO^-的常数如表 7-1 所示。

甲酸、乙酸和草酸的 pKa 解离常数分别为 3.55、4.56 和 3.81。

当离子色谱法用于有机酸分析时，有机酸的浓度由样品 pH 和离子色谱结果［C_{IC}（μeq/L）］确定。对于甲酸盐而言，C_{IC} 等于$[HCOO^-]$+$[HCOOH]$浓度之和，因此可以通过使用以下公式计算样品中的$[HCOO^-]$浓度：

$$[HCOO^-] = C_{IC}/（1 + 10^{3.55-pH}）$$

在某些点，F^-、Br^-和 NO_2^-离子浓度较大，计算 *R*1 和 *R*2 时，它们的浓度应该考虑进去。F^-、Br^-和 NO_2^-的常数值详见表 7-1。

降水分析所要求的离子平衡由表 7-2 给出，如果没有达到表 7-2 中所要求的标准，应进行重复分析，或在数据库中插入标注，表明结果不符合所要求的标准。

表 7-1　基本常数

离子	相对分子质量（*Mr*）	摩尔电导率（λ）/（S·cm²/mol）
H^+	1.008	349.7
NH_4^+	18.04	73.5
Ca^{2+}	40.08	59.5×2
K^+	39.10	73.5
Mg^{2+}	24.31	53.0×2
Na^+	22.99	50.1
NO_3^-	62.01	71.4
SO_4^{2-}	96.06	80.0×2
Cl^-	35.45	76.3
HCO_3^-	61.02	44.5
$HCOO^-$	45.0	54.6
CH_3COO^-	59.1	40.9
F^-	19.00	55.4
Br^-	79.90	78.1
NO_2^-	46.01	71.8
PO_4^{3-}	94.97	92.8×3

注：来自 W. H. Haynes（主编）（2011）CRC 化学和物理手册，Ed 92nd，5-77，78，CRC 出版。

表 7-2　*R*1 要求标准

（C + A）/（μeq/L）	*R*1/%
＜50	±30
50～100	±15
≥100	±8

（2）比较电导率计算值与测定值（$R2$）

对于稀溶液（浓度＜10^{-3} mol/L），总电导率可由单个离子的摩尔浓度和摩尔电导率（无限稀溶液）来计算。降水分析所要求的电导率比较标准由表 7-3 给出。

比较降水样品电导率测定值和计算值，可通过如下公式进行检验：

$$\Lambda_{calc}=\sum c_i \Lambda_i^0 \times 10^{-4}$$

式中：Λ_{calc} ——溶液电导率计算值，mS/m；

c_i ——第 i 个离子浓度，μmol/L；

Λ_i^0 ——第 i 个离子 25℃无限稀溶液摩尔电导率，S·cm²/mol。

因而，Λ_{calc}=[349.7 ×$10^{(6-pH)}$ + 80.0 × 2c（SO_4^{2-}）+ 71.4 c（NO_3^-）+

76.3 c（Cl^-）+73.5 c（NH_4^+）+ 50.1 c（Na^+）+ 73.5 c（K^+）+

59.5 ×2c（Ca^{2+}）+ 53.0 ×2c（Mg^{2+}）]/10 000

其中，c（）为括号中离子的浓度（μmol/L），对应常数为单个离子 25℃无限稀溶液的摩尔电导率（见表 7-1）。

然后，可以通过以下关系式比较降水样品的计算电导率值与测定值：

$$R2=(\Lambda_{calc}-\Lambda_{meas})/(\Lambda_{calc}+\Lambda_{meas})\times 100\%$$

这类似于计算阳离子和阴离子平衡的公式。

降水分析所要求的电导率比较标准详见表 7-3，如果 R_2 没有达到表 7-3 所示的电导率比较标准，则应重复分析，或在数据库中插入标注，表明结果不符合要求标准。

表 7-3　$R2$ 要求标准

Λ_{meas}/（mS/m）	$R2$/%
＜0.5	±20
0.5～3	±13
＞3	±9

7.2.3 数据完整性

数据完整性是指在给定监测周期内有效数据的比例。数据完整性可以用降水量比来评价，降水量比由降水化学收集器的收集量与雨量计的测定量之比确定。

应报告以下数据完整性指标，数据完整性由两个指标反映：降水时间百分率（%PCL）和降水量百分率（%TP）。

1）%PCL：降水时间百分率是一段时间内发生降水的时间占总时间的百分率。该值取决于某段时间内是否有降雨记录。如果已知降水发生在某一采样周期内，但未测定降水量，则假定不发生降水。总降水（TP）是指发生在降水期间的降水量。数据完整性测定不考虑不同降水化学样品可用性的情况。

2）%TP：降水量百分率是指某段时间内，有效样品降水量占总降水量的百分率。

数据完整性目标值根据时间间隔不同而有所不同（例如，时间间隔是一年或一个季度）。

7.2.4 分析精度

降水样品实验室化学分析的精度应按 9.4.2 节所述方法进行检查，且结果应该报告给国家中心。

7.3 数据标注

数据标注可以为数据用户提供数据质量信息。数据标注和数据评论非常有用，因为它们清楚地标明数据是有效的还是无效的。标注和评论的作用是确保用户充分了解数据的确定性以及产生这种确定性的条件，从而用户可以满怀信心地选择最适合需求的数据。

7.4 数据验证

监测数据应首先在分析组织（分析实验室）内进行验证。在给定时期内，如果某一离子的浓度或浓度标准差与历史长期平均浓度值或浓度值标准偏差分别有较大差异，则应仔细检验和评估分析结果。

可疑样品应重新分析，所得数据的质量应使用离子平衡（*R*1）和/或进行计算电导率和测量电导率的比较（*R*2）进行评估。

在实验室中验证的数据被发送到国家中心并由 NAM 检查。每个国家都应组建一个负责数据验证的专家组。在每个参与国的国内数据验证过程完成后，数据将发送到网络中心。NEM 负责审查每个国家中心的监测情况，并根据国际专家组制定的数据验证准则审查数据。网络中心准备验证数据草案报告，提交科学顾问委员会通过。

7.5 实验室间比对项目

所有 EANET 实验室都参与网络中心组织的实验室间比对研究。实验室间的比对样品每年送往各实验室一次。各实验室在规定时间内对样品进行分析，并将结果反馈至国家中心。国家中心对结果进行统计分析和评价。网络中心编写报告并发送给所有参与国的实验室。

EANET 国家中心实验室间比对项目的结果用于研究并解决实验室现存的问题，以进一步提高实验室分析质量。

7.6 元数据

有关监测点位、采样、运输和实验室操作的信息与降水化学数据（包括降水量、可计算指标）同样重要。由于这些数据在时间趋势、特殊分布等数据分析中具有重要作用，因此网络中心应对以上信息进行仔细的存储和编译。

8 数据报告

8.1 数据报告表格

使用数据表格报告监测点情况（现场情况、本地情况、地区情况）、采样情况、样品历史、化学分析条件和测定结果（降水化学包括降水量、可计算指标、标注和数据完整性）。负责测定的网络中心人员还负责确保所有数据元素都正确地输入到适当的数据库中。数据应每年向网络中心提交一次。

数据表格应包括如下内容：国家和监测点名称和代码、NAM 姓名、实验室名称和代码以及 PCL 姓名。

8.1.1 监测点、采样、运输和实验室操作信息

（1）监测点情况

监测点附近地区的条件变化时，应确保首先提供监测点名称和代码。监测点的类别由监测点选择标准确定。一个站点只属于一个类别。

即使监测点选择标准完全不受影响，紧邻监测点的任何环境变化也应每年报告一次。

①从 3 个规模来描述采样器区域内可能污染样品的任何潜在来源，包括现场情况、本地情况、地区情况；

②向网络中心发送 3 个规模的地图，并清晰标注潜在污染源的位置和气象

站点。

1）现场情况：采样器半径 150 m 范围的情况（图 8-1）

记录采样器、雨量计和气象参数测量设备及树木、空中的电线、建筑物和其他物理障碍物的位置。地上植被、坡度和耕地状况等也是需要记录的重要信息，同时附上采样器及其周围环境的照片。

2）本地情况：采样器半径 150 m～10 km 范围的情况（图 8-2）

记录农产品储存、燃料、交通工具、停车场、修理厂、饲料堆、奶牛场或大量动物情况。注明城市区域及人口资料信息。

3）地区情况：采样器半径 50 km 内的情况（图 8-3）

记录所有固定和移动排放源的化学品种类和排放量、人口超过 1 万的城市地区，同时标注出气象站，且在测得的参数旁注明所属的研究部门。

（2）采样情况

1）降水化学采样器

报告以下事项：①采样器型号和制造商，采样器照片和设计图；②漏斗直径；③漏斗的材料/组成、盖子衬里、管道、过滤器和过滤器支架、储液瓶；④用作杀菌剂的化学物质；⑤样品采集的开始和结束时间。

2）雨量计及气象参数测量装置

给出所有仪器的型号制造商以及设计图和照片。

（3）样品历史

从样品采集到完成化学分析，该段时间的样品历史信息在样品处理中起着重要的作用。

1）运输

报告所有收集样品的运输频率和包装过程。

2）实验室操作

报告样品制备过程、化学分析频率和实验室室温范围。

8.1.2 化学分析

每种指标的化学分析方法和所有控制图应作为每个实验室质量保证/质量控制（QA/QC）数据报告的一部分，应包括下列项目：

（1）SO_4^{2-}、NO_3^-、Cl^-、NH_4^+、Na^+、K^+、Ca^{2+}、Mg^{2+}的测定方法、仪器名称和类型、检测限

具体操作：校准曲线（5 点）、纯水中离子含量（应有稀释过程）、标准参考物质分析数据（市售标准参考物质），二次平行或三次平行样品分析数据（最好每 10～20 个样品分析 1 个）、检测限。

（2）电导率

仪器名称及类型。

具体操作：KCl 溶液（2 点或 3 点）和纯水的校准曲线，标准参考物质分析数据（市售标准参考物质），样品和标准溶液的温度，二次平行或三次平行样品分析数据（最好每 10～20 个样品分析 1 个）。

（3）pH

仪器名称及类型。

具体操作：标准参考物质溶液分析数据（市售标准参考物质）、样品和标准溶液的温度、二次平行或三次平行样品分析数据（最好每 10～20 个样品分析 1 个）。

在报告表格上记录所有分析化学物质的分析方法和性能指标。

8.1.3 测定结果和标注

报告表格应包括采样情况、降水量、化学分析完成日期、组分浓度和所有标注。有关表格的示例，请参阅表 8-1～表 8-3。

每个国家中心必须保存所有原始数据以备将来参考。

根据 EMEP（欧洲空气污染物长程飘移监测和评价合作方案）标注协议，编

制发展了适用于 EANET 的样品标注系统。EANET 未来的工作将致力于统一各个系统，简化不同监测网络之间的数据转换。EANET 报表需包含以下事项：

（1）样品编号（编码由国家代码、监测点代码、年份、月份和日期组成）

（2）采样起始日期时间

如果每个样品溶液都有唯一编号，则在样品收集日期后重新编号。检查并确认编号与采样信息表格编号一致。

[单位：yyyy/mm/dd hh：mm，例：2010/01/31 09：00]

（3）化学分析结束日期

[单位：yyyy/mm/dd，例：2010/02/09]

（4）SO_4^{2-}、NO_3^-、Cl^-、NH_4^+、Na^+、K^+、Ca^{2+}、Mg^{2+}浓度

实验室分析可能使用 mg/L 作单位，报告时应转化为摩尔浓度单位。

[单位：μmol/L，格式：####.#。例：121.2]

数据标注代码：

999　缺少测量，原因不明

899　测量不确定，原因不明

783　低降水，浓度未知

782　低降水，通过稀释样品获得测定值（EANET 原始标注）

781　低于检出限

701　低于通常准确度，原因不明

699　机械故障，原因不明

599　污染物不明

（5）电导率

[单位：mS/m，格式：##.##，例：3.25]

数据标注代码：

999　缺少测量，原因不明

899　测量不确定，原因不明

783 低降水，浓度未知

782 低降水，通过稀释样品获得测定值（EANET 原始标注）

781 低于检出限

701 低于通常准确度，原因不明

699 机械故障，原因不明

599 污染物不明

（6）pH

[单位：pH 单位，量纲一 格式：##.##，例：4.25]

数据标注代码：

999 缺少测量，原因不明

899 测量不确定，原因不明

783 低降水，浓度未知

782 低降水，通过稀释样品获得测定值（EANET 原始标注）

781 低于检出限

701 低于通常准确度，原因不明

699 机械故障，原因不明

599 污染物不明

（7）*R*1：阳离子和阴离子平衡（定义和计算见第 7.2.2 节）

[单位：%，格式：####.#，例如：1030.0]

数据标注代码：

999 缺少测量，原因不明

899 测量不确定，原因不明

783 低降水，浓度未知

782 低降水，通过稀释样品获得测定值（EANET 原始标注）

781 低于检出限

701 低于通常准确度，原因不明

699　机械故障，原因不明

599　污染物不明

478　通过离子平衡计算发现不一致

（8）*R*2：电导率计算值与测定值比较（见第 7.2.2 节）

[单位：%，格式：####.#，例：931.0]

数据标注代码：

999　缺少测量，原因不明

899　测量不确定，原因不明

783　低降水，浓度未知

782　低降水，通过稀释样品获得测定值（EANET 原始标注）

781　低于检出限

701　低于通常准确度，原因不明

699　机械故障，原因不明

599　污染物不明

477　测量的电导率与估计的电导率不一致

（9）样品溶液量

[单位：g，格式：#####.#，例：3020.0]

数据标注代码：

999　缺少测量，原因不明

899　测量不确定，原因不明

783　低降水，浓度未知

782　低降水，通过稀释样品获得测定值（EANET 原始标注）

701　低于通常准确度，原因不明

699　机械故障，原因不明

（10）降水量（来自气象仪器数据或报告数据）

[单位：mm，格式：####.#，例：320.5]

数据标注代码：

999 缺少测量，原因不明

899 测量不确定，原因不明

783 低降水，浓度未知

782 低降水，通过稀释样品获得测定值（EANET 原始标注）

701 低于通常准确度，原因不明

699 机械故障，原因不明

注释：任何其他信息

数据处理和数据报告方面的改进将按照操作要求和监测活动的要求执行。

事项	北 （西北-东北）	东 （东北-东南）	南 （东南-西南）	西 （西南-西北）
有无树木、竖杆、建筑物及其高度				
有无焚烧炉、家庭供暖、停车场、燃料储存、农产品、日常农场和牲畜				
监测点坡度	°～ °	°～ °	°～ °	°～ °
监测点地面情况	（ %）	（ %）	（ %）	（ %）
有无森林、河流、湖泊、沼泽、农场或田野				
有无道路及交通状况*				

现场情况（<150 m：监测点草图）

*偏远监测点标注车流量超过 100 辆/d 的道路，城市或乡村监测点，标注车流量超过 1 000 辆/d 的道路。

现场情况（半径 150 m 内）

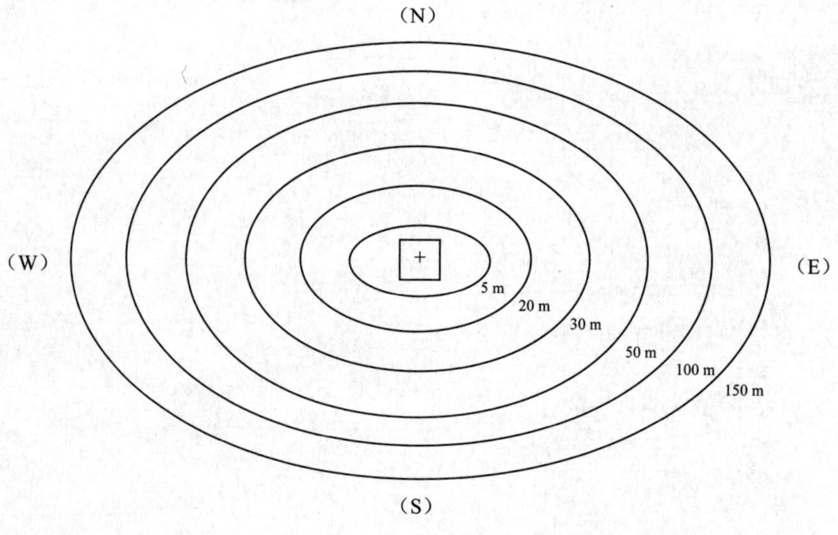

监测点名称：________________

图 8-1 监测点轮廓（现场情况）

事项	北（西北-东北）	东（东北-东南）	南（东南-西南）	西（西南-西北）
有关主干道、快速公路及其交通密度的资料（每日车流量逾 5 000 辆）				
机场和铁路信息				
主要排放源信息，如大型工业、发电厂及其燃料消耗等				
5 000 人以上的居住区及其人口资料				
有关场地的相关资料，例如地形及气象情况				

本地情况（150 m～10 km：监测点草图）

（对于城市监测点，至少需要提供距离站点 150 m～1 km 的区域信息）

本地情况（150 m～10 km）

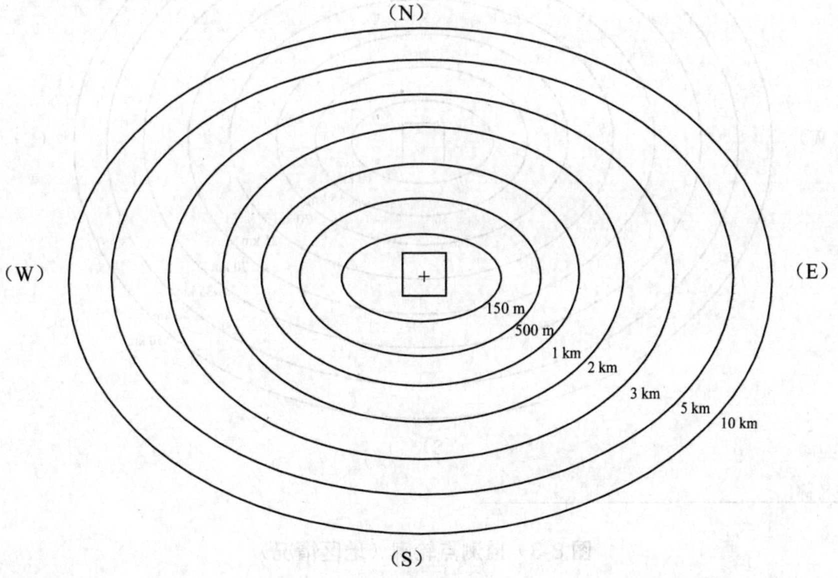

监测点名称：________________________

图 8-2 监测点轮廓（本地情况）

事项	北 （西北-东北）	东 （东北-东南）	南 （东南-西南）	西 （西南-西北）
主要固定空气污染源*				
每日车流量 10 000 辆以上的道路及其交通密度				
人口 10 000 以上的城市				

地区情况（10～50 km：监测点草图）

*位于乡村地区的监测站点，应注明其附近排放量 1 万 t/a 以上的巨大排放源和其他主要污染源。

地区情况（10～50 km）

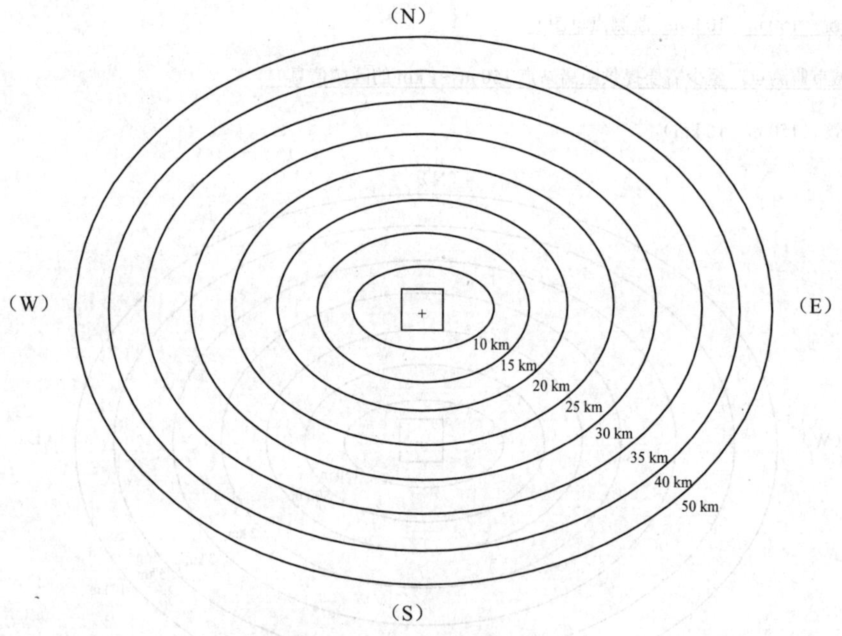

监测点名称：

图 8-3 监测点轮廓（地区情况）

表 8-1 数据报表格式（阴离子）

格式（湿 A）Nc.1　　湿沉降分析结果（阴离子）

监测点名称：　　漏斗直径：　　（mm）

实验室名称：　　汇报人姓名：

样本 No.	采样日期				SO_4^{2-}/（μmol/L）	标记 1	标记 2	标记 3	NO_3^-/（μmol/L）	标记 1	标记 2	标记 3	Cl^-/（μmol/L）	标记 1	标记 2	标记 3		标记 1	标记 2	标记 3		标记 1	标记 2	标记 3	分析日期	注释
	开始		结束																							
	日期	时间	日期	时间																						

表 8-2 数据报表格式（阳离子）

格式（湿 A）No.2　　湿沉降分析结果（阳离子）

监测点名称：　　　　漏斗直径：　　（mm）

实验室名称：　　　　汇报人姓名：

样本 No.	采样日期				采样期	标记 1	标记 2	标记 3	Na^+/（μmol/L）	标记 1	标记 2	标记 3	K^+/（μmol/L）	标记 1	标记 2	标记 3	Ca^{2+}/（μmol/L）	标记 1	标记 2	标记 3	Mg^{2+}/（μmol/L）	标记 1	标记 2	标记 3	NH_4^+/（μmol/L）	标记 1	标记 2	标记 3	分析日期	注释
	开始		结束																											
	日期	时间	日期	时间																										

表 8-3 数据报表格式（电导率、pH、*R*1、*R*2、降水量）

格式（湿 A）No.3　　湿沉降分析结果（电导率、pH、R_1、R_2、降水量）

监测点名称：　　漏斗直径：　　（mm）

实验室名称：　　汇报人姓名：

采样方法代码　1：雨量计 2：按样本量计算 3：其他

样本编号.	采样日期				电导率/（mS/m）	标记1	标记2	标记3	pH	标记1	标记2	标记3	*R*1	标记1	标记2	标记3	*R*2	标记1	标记2	标记3	样本量/g	标记1	标记2	标记3	降水量/mm	采样方法代码	标记1	标记2	标记3	分析日期	注释
	开始		结束																												
	日期	时间	日期	时间																											

9 全面质量保证/质量控制

9.1 简介

质量保证和质量控制（QA/QC）在湿沉降监测中起关键作用。有质量保障、设计精良和审慎的操作系统可确保生成的数据具有高度的准确度、精确度、完整性、可比性和代表性。

质量控制和质量保证在各类环境监测中发挥着重要作用。质量控制意为确保分析系统处于“受控”状态所遵循的操作步骤。质量保证意为确保质量控制程序有效的操作步骤。从分析实验室的角度来看，质量保证和质量控制之间的区别通常在于质量控制是集中于实验室内部的操作，而质量保证独立于质量控制，且通常在实验室外部开展（Vet，1991）。通常来说，质量控制适用于测量前和测量间的监测和实验室系统，而质量保证则侧重于测量后的数据和程序有效性。

测量应遵循已建立的标准方法。发生错误和事故时，必须记录事故的细节，因为这些细节是每个数据记录的重要组成部分。需事先告知数据使用者有关数据是否适合其预期用途。数据分析结论的质量必须与已知数据质量相一致。

无论是出于科学还是管理用途，数据使用者都越来越关注数据质量对所用湿沉降数据有效性的影响，以及最终与其研究相关的解释和结论。

为了更好地满足 EANET 的需求，本章的质量保证/质量控制（QA/QC）程序汇集了各大国际湿沉降监测网络操作指南中最相关及最新的内容。

9.2 数据质量目标

数据质量目标（Data Quality Objectives，DQOs）是基于各监测项目得出，其具体数值因项目而异。数据质量目标在可描述范围内规定了项目要求的精准度和完整性。

EANET湿沉降数据质量目标（准确度、精度、降水量、完整性）见表9-1。本章中列出的质量保证/质量控制活动都需要满足各自的数据质量目标。各参与国应努力满足各项数据质量目标。

表 9-1 湿沉降监测的数据目标质量

准确度 A	精度 S_i	降水量比 P	完整性
±15%	15%	＞90%	＞80%

1）准确度（A）计算公式如下：

$$A=\frac{\text{测定值}-\text{分析值}}{\text{测定值}}\times 100\%$$

2）精度（S_i）计算公式如下：

$$S_i=(\sum d_i^2/2N_i)^{1/2}\times 100/A_v$$

式中：d_i和A_v——重复分析的差值和平均值（见第9.4.2）；

N_i——报告期内样本对的数量。

3）降水量比（P）计算公式如下（月、季度、年。所有监测网络都应证明至少最近一年的数据）：

$$P=\frac{\text{收集器计量的降水量}}{\text{标准雨量计计量的降水量}}\times 100\%$$

4）要确定每个给定时期内与有效样品相关的总降水量占比（%TP），请参阅第7.2.3节。

5）检出限和测定限

（两者均按第 9.4.2 节的规定确定；单位 μmol/L）

项目	检出限	测定限
SO_4^{2-}	0.3	1.0
NO_3^-	0.5	1.5
Cl^-	0.5	1.5
NH_4^+	0.8	3.0
Na^+	0.3	1.0
K^+	0.3	1.0
Ca^{2+}	0.2	0.6
Mg^{2+}	0.3	1.0
pH	标准物质（RM）的重复测量应在±0.05 内	
EC	纯水（电导率：＜0.15 mS/m）的重复测量应在±0.02 mS/m 范围内	
RM	实验室降水量分析的标准物质	

9.3 标准操作程序

标准操作程序（Standard Operating Procedures，SOPs）是所有监测系统操作过程中的成文步骤，例如，在现场、实验室、数据管理等环节。SOPs 旨在确保操作人员在实际操作过程中操作规范一致，最小化人为因素造成的数据质量差异，使每一位操作人员在操作时对质量保证/质量控制都有科学全面的认识。每个抽样和化学分析组织或实验室应确保其编制的 SOPs 符合各自组织的要求，并符合技术指南和国家质量保证/质量控制程序。标准操作程序要清楚明白地陈述操作流程，以确保新手能够以有效的方式执行任务。此外，充分考虑工艺变化和科技进步，应及时更新 SOPs。

9.4 数据质量评估

保证野外采样和实验室测量的精度和准确度是降水数据质量评价的主要目标。一般来说，降水数据的生成是一个样品采集、样品处理、样品储存和实验室化学分析的过程。降水测量的精度和准确度取决于上述所有过程。

9.4.1 采样精度

为了有效地确定采样精度，每个组织必须在每个监测点上使用放置的降水收集器进行重复采样程序。对于每一组重复的样品，必须使用相同的收集、处理、运输和存储程序进行抽样。

为了确保测量程序的各个方面都在控制之下，需要专家定期进行评审。评审工作需要定期到现场视察，并对现场操作人员进行再培训，以确保现场操作符合标准操作规程。

9.4.2 实验室操作的质量控制

精度和准确度是实验室操作质量控制的重要组成部分。保证湿沉降样品化学分析的精度和准确度以满足 DQOs 是湿沉降样品化学分析验证的重要环节，也是保证湿法沉积样品质量控制标准得到充分维护的重要环节。

（1）分析精度

为了估计分析的变数，应保证每 20 个样品分析中至少重复分析 1 个。大容量样品应分为两等份，一半用于常规分析，另一半应立即冷藏并在 4℃下保存，并在不到 7 天的时间内进行另一次分析。分析精度定义为两次分析之间的标准差：

$$S_i = (\Sigma d_i/2N_i)^{1/2}$$

其中，d_i 为两次测量值的差值，N_i 是报告期内用于重复分析的样本对数。因子 2 包含在分母中，以解释与两个测量值相关的随机误差。

（2）化学分析的准确度

分析测量的准确度是通过分析模拟降水样本（称为实验室间比较样本）来评估的。在 EANET 内部，实验室间比较样品是使用网络中心每年提供给所有分析实验室的试剂级化学品制备的。利用实验室间比较样品的化学测定数据评价分析水平，结果的统计分析和控制图表有助于发现不足之处并找到分析问题的解决办法，从而提高数据质量。

（3）“检出限”和“测定限”的定义

度量并不总是用一个确定的数字来表示。例如，有些分析物可能“未检测到”或“低于测定限度”。为了确定这些参数，在接近分析方法测定极限的浓度水平上制备了标准溶液。对上述标准溶液进行 5 次分析，确定标准差（s.d）。“检出限”和“测定限”分别定义为标准差的 3 倍和 10 倍。

检出限 =3（s.d）

测定限 =10（s.d）

上述测量的数值可能会有很大的不同，这取决于仪器的类型、仪器的历史和操作人员的经验等实验室条件。因此，只要改变分析条件，就应确定标准偏差。

9.5 采样点绩效审核

国家中心应对每个采样点进行年度技术审计，以确保采样点符合现场标准，并提供机会对采样点进行详细审查，包括基础设施和仪器的状况。这样的实地访问鼓励国家中心和现场操作员之间的沟通，促进问题的解决、技术升级和培训。采样点审核应包括以下步骤：

（1）湿沉降自动采样品的运行检查

1）审核员将 1～2 滴纯水加到降水传感器上。如果盖子在几秒钟内成功地从干侧采样器移动到湿侧采样器，则表明采样合格。如有必要，请清洁传感器，以确保盖子能迅速响应降水事件；

2）需要检查采样器盖的底部，确保其清洁且无缺陷，否则可能出现密封不良的情况；

3）湿侧漏斗表面应清洁且无缺陷；

4）打开湿侧收集器几分钟后，用手检查传感器的加热情况；

5）确保盖子在正确的时间间隔内关闭。

（2）容器清洗步骤检查

1）现场操作员应负责清洁和维护所有类型的容器，包括用于样品运输和存储的瓶子。审核员需要确定操作员准备和清洁了哪些容器，并确保涵盖了所有规程；

2）操作员应先说明如何清洁所有容器；

3）审核员和操作员应就消除样品潜在污染所需的步骤进行当面的交流；

4）必须检查纯净水以确保其电导率小于 0.15 mS/m。

（3）审查现场操作和数据文件

1）审核员在执行日常任务（包括样品处理、仪器操作和数据报告）时必须观察现场操作员；

2）审核员应确保现场有 SOPs 和现场检查表；

3）完成例行任务后，审核员应与操作员进行面谈，以确保其了解仪器的详细信息和操作方法。与操作员进行面对面的监控技术审查将作为现场培训的一种手段。培训应涵盖所有方面，但重点在于需要改进的任务。

（4）现场审核报告

现场审核报告应由审核员完成。

9.6 实验室审查

实验室操作也应由国家中心审核，审核频率与现场和抽样审核相似。重点放在样本处理、仪器功能、SOPs 和所有质量保证/质量控制活动及其记录和日志上。

应清楚地报告和保存审查记录，以供进一步讨论和对长期监控操作的质量保证/质量控制进行长期评估。

9.7 数据集的初步质量保证

监测数据应按预定的时间间隔进行评估。准确度、精度、代表性、完整性和可比性将进行定量评估，并根据代表标准质量的分数对总体数据质量进行评估。

测量的准确度和精度将根据化学分析性能进行评估。对场地代表性的评价将以使用 3 种不同比例尺地图的场地评价报告和场地审计报告为基础。化学分析的可比性是通过分析常见的模拟或实际降水样品来评估的。样品收集的可比性将根据放置的采样结果进行量化。应仔细检查采样中的数据，以确保所有测量结果均等，并且没有逻辑和操作错误。

降水量测量的数据完整性应根据样品收集器中的降水量与雨量计中的降水量之比来评估。

离子浓度测量数据的完整性是由某一监测周期内有效数据的比例决定的，在此期间，有效样本与离子平衡和电导率检查、*R*1 和 *R*2 等可接受的测量值相关联。

数据报告应提供化学分析的结果，并附有文字说明、标记和操作人员对监测程序各方面的意见。鼓励审核人员和网络中心工作人员在阅读报告后向国家中心提出建议。

9.8 外部质量保证计划

EANET 将坚持外部质量保证计划，旨在：

1）确认测量正在以预期的精度和准确度进行，报告测量结果，并且所有测量活动均已如实记录在案；

2）确定变化的原因，并建议做出可以改善测量精度、准确度和完整性的变化和控制措施；

3）核实承包商对精度和准确度的评估；

4）评估并对比网络中心与其他国际和国内组织的测定方法和质量保证数据。

EANET 的外部审计计划旨在发现问题并提出解决方案，期望通过改进实用技术和操作来改善监测程序。

9.9 培训

应提供国际和国家监测技术培训方案。培训计划的细节将在另一份文件中说明。

参考文献

第 1～5 章参考文献：

1. Vet R. J.（1991）Wet Deposition：Measurement Techniques；in H.Parlar，T. F. Rees，D. D. Reible，L. J. Thibodeaux，K.T.Valsaraj，R.J.Vet；Reactions and Processes，in The Handbook of Environmental Chemistry，Springer-Verlag，Berlin Heidelberg.

2. WMO（No.85）Chemical Analysis of Precipitation for Global Atmosphere Watch：Laboratory Analytical Methods and Sample Collection Standards.

3. EMEP/CCC-Report1/95（1995）Manual for Sampling and Chemical Analysis.

4. Japan Environment Agency. （1993）Sampler requirement at sites in remote islands.

5. Gillett R. W，Ayers G. P.（1991）The use of thymol as a biocide in rainwater samples，Atmos. Environ.，25A，2677-2681.

第 6 章参考文献：

6. WMO（No. 85）Chemical Analysis of Precipitation for GAW：Laboratory Analytical Methods and Sample Collection Standards.

7. Vet R. J. （1991）The Handbook of Environmental Chemistry，Vol. 2，Part F，Ed. O. Hutziger，Springer-Verlag Berlin Heidelberg 1991.

8. R. Kuroda Y. Sugitani，M. Shibukawa. Bunsekikagaku（Analytical Chemistry）. Shokabo，1988.

9. K.Sakai M. Sakata，N. Takada. Kankyo Bunseki no tameno Kikibunseki（Instrumental Analytical Chemistry for Environmental Analysis），Maruzen，1995. Noguchi I.，Mimura H.，Oshio T.，Nishikawa M.，Okamoto K.，Takeuchi T.（1995）Quality Assurance for Acid Rain Measurement

using Synthetic Rainwater Reference sample in Japan Precipitation Chemistry Network. WMO Report，No.107，272-275.

10. Noguchi I.，Hara H.（2004）Ionic imbalance due to hydrogen carbonate from Asian dust. Atmospheric Environment，38，6969-6976.

11. Japan Ministry of the Environment（JME），2001，Acid Deposition Monitoring Manual Acid Deposition Monitoring Network in East Asia （EANET），2000a，Technical Documents for Wet Deposition Monitoring in East Asia.

12. Acid Deposition Monitoring Network in East Asia（EANET），2000b，Technical Documents for Monitoring on Inland Aquatic Environment in East Asia.

第 7～8 章参考文献：

13. Vet R. J.（1991）The Handbook of Environmental Chemistry. Volume 2，Part F.

14. EMEP（1996）EMEP Manual for sampling and chemical analysis.

15. Krognes T.，Gunstrom，T. O.，Schaug，J.（1995）Air Quality Databases at NILU.

16. WMO GAW（No. 85）Chemical Analysis of Precipitation for GAW：Laboratory. Analytical Methods and Sample Collection Standards.

17. W. H. Haynes（Edition-in-Chief）.（2011）CRC Handbook of Chemistry and Physics，Ed 92nd，5-77，78，CRC Press.

18. Chemical Society of Japan.（1984）Kagaku Benran（Handbook of Chemistry），3rd ed.，Maruzen，Tokyo.

第 9 章参考文献：

19. Eaton W. C.（1990）External Quality Assurance Audits of the Utility Acid Precipitation Study Program（UAPSP），UAPSP 119 Contract U101-2. Summers，P. W.，private communications.

20. Vet R. J.（1991）The Handbook of Environmental Chemistry，Volume 2，Part F，Ed. O. Hutziger，Springer-Verlag Berlin Heidelberg 1991.

21. WMO GAW No.85 Chemical Analysis of Precipitation for GAW：Laboratory Analytical Methods and Sample Collection Standards.

附录 1

湿沉降监测标准操作程序中应包括的主要项目

标准操作程序（SOPs）应涵盖湿沉降监测从采样到数据报告的所有方面，根据湿沉降监测指南，以尽量减少不同操作人员和分析人员引入的潜在偏差。确保编写的标准操作程序能够反映实际的操作细节，这是很重要的。即使采样器或分析仪器符合监测指南，其制造商和型号也可能在不同的采样组织或分析实验室中有所不同。标准操作程序应该为每个组织/实验室定制。各个标准操作程序应清楚地描述适用范围、操作人员的指定、其主管和报告格式等。下文内容包括湿沉降监测标准操作程序的基本组成部分。可能需要对其进行添加或删除，以确保各个标准操作程序适用于每个组织。

1 取样

1.1 任命取样人员及其主管

1.2 检查采样点周围可能发生的变化

1）当地情况（新建筑的排放和污染源等）

2）现场情况

1.3 检查取样仪器设备

1）取样器外观（检查腐蚀等）

2）取样器的操作（雨水传感器、盖子移动、取样器修理文件）

3）收集效率（与标准雨量计比较）

4）取样部件的清洗

1.4 取样方法

1）取样器（包括检查和维护文件）

2）取样间隔（取样日期）

3）样品容器的更换

4）杀虫剂的添加

2 样品运输和储存

2.1 样品运输

2.2 样品存储

1）现场存储

2）实验室储存

3 测量和化学分析

3.1 每个项目任命的分析人员及其主管

3.2 培训计划

3.3 纯净水

1）日常维护

2）文件的维护

3.4 通过仪器测量

1）仪器的测量条件

2）校准

3）性能测试（灵敏度、稳定性、干扰及消除干扰、维修文件）

4）检出限和检测下限的计算

5）维护文档

3.5 测量的操作程序

1）校准曲线的准备

2）样品的测量/分析

3）重复测量/分析

4）检查灵敏度波动

3.6 测量结果的处理

1）浓度的计算

2）灵敏度波动的测量

3）重复测量/分析

4）离子平衡的计算

5）电导率测定值与计算值的比较

4 质量保证和质量控制

4.1 样品采集评估

1）降水量与标准雨量计的比较

2）离子平衡的评估

3）电导率的评估

4.2 评估的可靠性

1）灵敏度波动的评估

2）重复测量/分析的评估

3）现场空白的评估

4）实测数据与最低检出限、检测下限的比较

4.3 评估结果

1）采样点的代表性

2）样本有效性的评估

3）采样周期完整性的评估

4）总精度的确定

5 采样器、实验室、测量/分析仪器和试剂/玻璃器皿的管理

5.1 采样器的管理

1）任命管理人员及其主管

2）制造商名称、型号、制造日期和操作方法文件

3）日常和定期维护以及检查方法（包括故障排除和零件供应及记录）

5.2 实验室的管理

1）任命管理人员及其主管

2）日常和定期维护及检查方法（包括项目和记录格式）

5.3 测量/分析仪器的管理

1）为每种仪器任命负责人员，并进行总体测量

2）制造商名称、型号、制造日期和操作方法文件

3）日常和定期维护及检查方法（包括故障排除和零件供应和记录）

5.4 试剂、标准材料等的管理

1）任命管理人员及其主管

2）试剂的接收和处理（日期的记录格式、制造商名称、经销商、纯度、标准程度和有效期）

5.5 玻璃器皿和聚乙烯容器的管理

1）任命管理人员及其主管

2）清洁方法

3）存储

4）清洁度的确认

6 外部审计

1）检查采样点

2）测量现场空白值

3）采样器的操作检查

4）评估质量控制的结果

5）评估测量结果

附录 2

常用网站一览表

作为洲际范围的酸沉降监测网络，EANET 在阐明东亚地区酸沉降状况方面扮演着重要角色。以下网站提供了除 EANET 外其他监测网络的相关信息。

1）EMEP（欧洲空气污染物长程飘移监测和评价合作方案）：http：//www.emep.int/

2）NADP（美国国家大气沉降监测网络）：http：//nadp.sws.uiuc.edu/

3）WMO（世界气象组织）：http：//www.wmo.int/pages/prog/arep/gaw/precip_chem.html

4）CAPMoN（加拿大空气与降水监测网）：http：//www.ec.gc.ca/rs-mn/

附录 3

欧洲空气污染物长程飘移监测和评价合作方案

EMEP Flag System

［挪威大气研究所，欧洲空气污染物长程飘移监测和评价合作方案取样和化学分析手册，第 6.4 节（2001）］

1 数据标记

一些标记过去被用于提供有关数据库中存储的数据质量的信息。这些标记已经过修订，目前正在评估中。新数据标记系统包含旧标记，并将根据需要进行扩展。

某些欧洲空气污染物长程飘移监测和评价合作方案的站点位于海岸，并且不时高度暴露于海盐颗粒中。这当然会影响降水中会标记在数据库里的某些成分。特别是当降水中含“过量硫酸盐”时，这将是两个大数值之间的差异，可能具有很高的不确定性，应加以标记。

负责每个参与国家数据报告的人员是数据发起者（DO）。数据发起者将可以访问挪威大气研究所的外部计算机，并负责将未来的数据传输到化学问题协调中心的中央数据库。

标记根据严重程度排序。高于 250 的标记表示数据元素质量已经无效或已经降低得异常。

低于 250 的标记表示该元素有效，即使它可能无法通过简单的验证测试。例如，该值可以是极端的，但是已经过测试并且是正确的。

标记 100 用于表示即使标记了 999～250 范围内的一个异常值也是有效的。在这种情况下，100 标记必须出现在其他标记之前。在其他所有的情况下，如果需要多个标记，则应首先出现程度最严重的标记。

所有的标记都分为两类：V（有效测量）或 I（无效的测量）。

1.1 第 9 组：缺失

如果缺少测量值且没有特定信息，我们则无法为测量值指定任何数值（无适用的替代值），则必须使用传输文件丢失标记替换测量值。对于该组中的所有标记，测量值丢失且不可恢复，并且不能计算或估计替换值。数据发起者在标记变量中分配以下标记之一（除设置传输文件丢失标记之外）：

标记助记符	V/I	释义
999 MMU	I	测量值缺失，未指明原因
990 MSN	I	因降雪而未测得的降水量。需要历史数据，不需要新数据
980 MZS	I	由于校准或零/跨检查而丢失

1.2 第 8 组：不确定

在某些情况下，可能无法执行测量，因为不确定要测量的参数。如上所述，当降水为 0 时，降水中的污染物浓度是不确定的。在这种情况下，测量值不会丢失，并且数据可用性不会降低。无法为不确定的测量计算或估计一个替换值。数据发起者分配以下标记之一：

标记助记符	V/I	释义
899 UUS	I	测量不确定，未指明原因
890 UNP	I	降水浓度不确定，无降水

1.3 第 7 组：数值未知

当确切的数值未知时，由数据发起者分配这组标记，但是需添加重要的附加信息。当测量值低于仪器或方法的检测限，或者精度低于正常时，该情况将适用。

对于许多数据用户而言，重要的是要知道该值很低，即使数值不可用也是如此。某些用户可能还需要使用或创建替换值。替换值可以基于检测限（如果检测限被报告）或基于某些其他估计。统计学家已经描述了使用所有报告值的分布函数来估计低于检测限值的平均值的方法。

标记助记符	V/I	释义
799 MUE	I	测量缺失（未指明原因），数据元素包含估计值
784 LPE	I	降水量低，估计浓度
783 LPU	I	降水量低，浓度未知
781 BDL	V	值低于检测限，数据元素包含检测限
780 BDE	V	值低于检测限，数据元素包含估计值
771 ARL	V	值超出范围，数据元素包含上限
770 ARE	V	值超出范围，数据元素包含估计值
750 ALK	I	碱性样品中未测量氢离子
701 LAU	I	精度低于正常情况，原因未指明（仅用于旧数据，新数据见第6组和第5组）

1.4 第6组：机械故障

当测量值的精确度因恶劣天气或仪器故障低于正常情况时，则由数据发起者分配这组标记。该测量值仍然会被报告，但在需要严格质量控制时应排除使用。

标记助记符	V/I	释义
699 LMU	I	机械故障，原因不明
679 LUM	V	未指明的气象条件
678 LHU	V	飓风
677 LAI	I	进气口结冰或有白霜
659 LSA	I	未指明的采样异常
658 LSV	I	风量太小
657 LPO	V	降水采样器溢出。暴雨（狂风）
656 LWB	V	湿采样器故障，作为大容量采样器运行
655 LMI	V	由于采样器的延迟维修，两个样品混合。以平均值作为估计值
654 LLS	V	采样周期较正常长，报告观测值
653 LSH	V	采样时间较正常短，报告观测值
649 LTP	V	临时电源故障影响了采样器的运行

1.5 第 5 组：化学问题

当测量值的精度因样品被某种化学试剂污染低于正常情况时，则由数据发起者分配这组标记。该测量值仍然会被报告，但在需要严格质量控制时应排除使用。

标记助记符	V/I	释义
599 LUC	I	未指明的污染或局部影响
593 LNC	I	工业污染
591 LAC	I	农业污染
578 LSS	I	较大的海盐贡献（海盐与过量硫酸盐之比大于 2.0），仅用于旧数据；对于较新的数据，使用 451/450
568 LSC	I	因沙尘污染导致的 Ca^{2+}无效
567 LIC	I	因昆虫污染导致的 pH、NH_4^+和 K^+无效
566 LBC	I	因鸟粪导致的 pH、NH_4^+和 K^+无效
565 LPC	I	因花粉和/或叶子污染导致的 K^+无效
558 SCV	V	沙尘污染，但被认为有效
557 LIV	V	昆虫污染，但被认为有效
556 LBV	V	鸟粪污染，但被认为有效
555 LPV	V	花粉和/或叶子污染，但被认为有效
549 LCH	I	不纯的化学物
540 LSI	I	实验室分析中的光谱干扰
532 LHB	V	因过高的现场空白值导致的数据精度低于正常值
531 LLR	V	回收率低，分析不精确
521 LBA	V	在温暖的气候下将杀菌剂加入样品中储存，被认为有效

1.6 第 4 组：极值或不一致值

在评估测量值的可信度之后，由数据发起者分配该组标记。如果一个测量值极高或极低，则在许多情况下仅基于统计数据的测量值就可能是错误的。在数据集的保守呈现中，应排除这些元素。

发现一些测量值与其他测量值或计算参数（离子平衡、电导率等）不一致。如上所述，这些测量值可能会被谨慎使用，但在需要严格的质量控制时应排除使用。

标记助记符	V/I	释义
499 INU	V	与另一未指定的测量值不一致
478 IBA	I	因通过离子平衡计算发现的不一致而无效
477 ICO	I	因测量的电导率和估计的电导率不一致而无效
476 IBV	V	通过离子平衡计算发现不一致，但被认为有效
475 COV	V	测量电导率与估算电导率之间不一致，但认为有效
460 ISC	I	疑似污染
459 EUE	I	极值，未指明的错误
458 EXH	V	极大的值，超出对数正态分布标准偏差的四倍
457 EXL	V	极小的值，超出对数正态分布标准偏差的四倍
456 IDO	I	由数据发起者认定无效
451 SSI	I	因海盐影响较大而无效
450 SSV	V	相当大的海盐影响，但被认为是有效的

1.7 第 3 组

目前没有定义这组标记（标记 301～399）。

1.8 **第 2 组：数据库协调员分配的异常标记**

该组标记保留供数据库协调员使用。该组中的标记与上面的第 4 组相同。如果发现不一致，则它们仅由数据库协调员分配，且数据发起者以前没有标记该条件。

标记助记符	V/I	释义
299 CNU	V	与另一个未指明的测量值不一致
278 CBA	I	因通过离子平衡计算发现的不一致而无效
277 CCO	I	因测量的电导率和估计的电导率不一致而无效
276 CIV	V	通过离子平衡计算发现不一致，但被认为有效
275 CCV	V	测量电导率与估算电导率之间不一致，但认为有效
260 CSC	I	疑似污染
259 CUE	I	预计出现未指定的错误

258 CXH	V	极大的值，超出对数正态分布标准偏差的 4 倍
257 CXL	V	极小的值，超出对数正态分布标准偏差的 4 倍
251 CSI	I	因海盐影响较大而无效
250 CSV	V	相当大的海盐影响，但被认为是有效的
249 QDT	V	修正了明显的打字错误，属有效的测量值
211 QDI	V	数据库协调员检查并接受不规范的数据，属有效的测量值
210 QDE	V	事件数据由数据库协调员检查和接受，属有效的测量值

1.9 第 1 组：异常标记的接受，不规则数据

标记助记符	V/I	释义
147 QOD	V	低于理论检测限或正式质量保证极限值，但一个值被测定并报告
120 QOR	V	样品经重新分析获得相似结果，属有效的测量值
111 QOI	V	数据发起者检查并接受的不规则数据，属有效的测量值
110 QOE	V	数据发起者检查并接受的插入数据，属有效的测量值
100 QOU	V	数据发起人检查的数据，属有效的测量值

1.10 第 0 组

目前没有定义这组标记（标记 001～099）。标记 0 不是错误条件标记。对于所有正常质量的测量，必须将其分配给标记变量。以这种方式，数据发起者确认数据元素是有效的（不含应该标记的已知异常）。